Lucien JACQUOT

MONOGRAPHIE ARCHÉOLOGIQUE

DE LA

RÉGION DE MILA

LIVRE PREMIER

ÉPIGRAPHIE

ORAN

TYPOGRAPHIE ET LITHOGRAPHIE P. PERRIER

15, Boulevard Oudinot, 15

1895

MONOGRAPHIE ARCHÉOLOGIQUE

DE LA

RÉGION DE MILA

Lucien JACQUOT

Membre correspondant de la Société Archéologique de Constantine

Membre de la Société de Géographie et d'Archéologie d'Oran

ORAN

TYPOGRAPHIE ET LITHOGRAPHIE P. PERRIER

15, Boulevard Oudinot, 15

1894

A MES COLLABORATEURS ET AMIS,

MONSIEUR PONTÉ,

DIRECTEUR DE L'ÉCOLE COMMUNALE DE MILA,

ET SES ÉLÈVES FRANÇAIS ET INDIGÈNES,

DONT LE ZÈLE DÉVOUÉ

M'A PERMIS DE MENER A BONNE FIN LE PRÉSENT OUVRAGE,

RÉSULTAT DE TROIS ANNÉES DE LONGUES

ET DIFFICILES RECHERCHES

L. J.

LIVRE PREMIER

ÉPIGRAPHIE

TEXTES

LIBYQUES, NÉO-PUNIQUES & LATINS

PREMIÈRE PARTIE

INSCRIPTIONS LIBYQUES

1

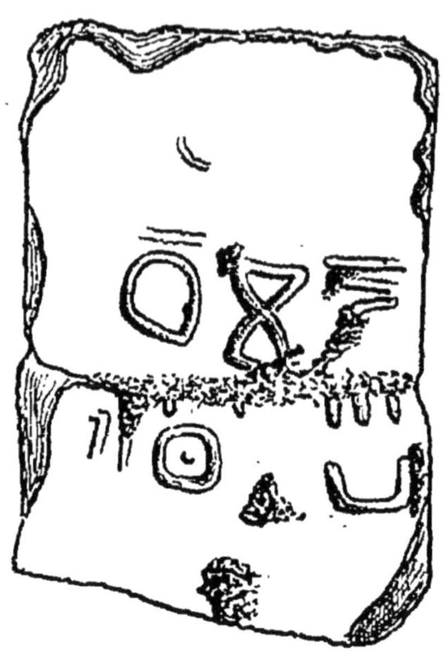

N° 1

Dalle rectangulaire en calcaire blanchâtre, très fruste, et coupée à mi-hauteur par un sillon horizontal creusé par les eaux, qui altère plusieurs caractères.

Ceux-ci sont d'une forme grossière et gravés d'un trait très large. — M. Reboud en donne une lecture différente de la nôtre.

Dimensions de la dalle : hauteur, 0m 62 ; largeur, 0m 42.

Cette pierre a été découverte dans la région de Bou-Foua, village annexe de Mila et situé au Nord-Ouest de cette localité.

Elle a été transportée à Mila par les soins de M. Sergent, alors administrateur de cette commune.

Elle fait actuellement partie du Musée Scolaire créé à Mila, en 1890, par MM. Ponté (instituteur) et Jacquot (juge de paix).

Cette inscription a été publiée et décrite dans le *Recueil des Notices et Mémoires de la Société Archéologique de Constantine*, savoir : — 1° en 1878, volume 19, page 214 et planche XIV (n° 307), par M. Reboud ; — 2° en 1892, volume 27, page 229 et planche n° 397, par M. Goyt.

NOTES :

N° 2

Très-grande pierre en calcaire gris, brisée en deux parties à peu près égales par une cassure horizontale accidentelle. Le côté droit a été taillé ; le côté gauche, laissé brupt, est très sensiblement oblique et fait le bloc beaucoup plus étroit à la base qu'au sommet. L'angle supérieur paraît avoir disparu avec un éclat.

Les caractères, dont certains sont d'un dessin anormalement allongé, sont répartis sur quatre lignes verticales et n'occupent que les deux tiers supérieurs de la pierre. M. Reboud les dispose autrement que nous.

Les dimensions de la pierre sont de 1 mètre 10 de hauteur sur 0 m. 75 dans la partie la plus large.

Cette inscription a été découverte dans la nécropole libyque du col de Fedj-el-Hadjer-Es-Souassi, au Sud-Est du Djebel-Lekhal et sur la route de Sidi-Khalifa à Oued-Athmenia.

Elle a été transportée à Mila par les soins de M. Sergent et fait, depuis 1890, partie du Musée Scolaire de cette localité.

Elle a été publiée par M. Reboud dans le *Recueil de la Société Archéologique de Constantine*, en 1878, volume 19, page 213 et planche XII (n° 398).

NOTES:

2

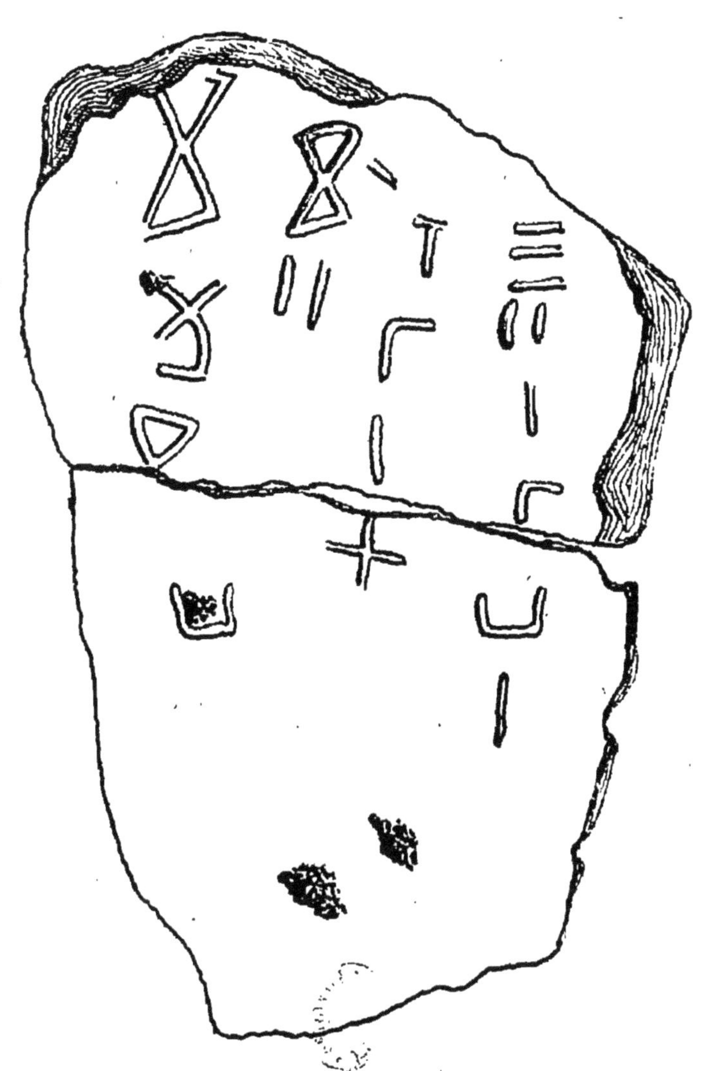

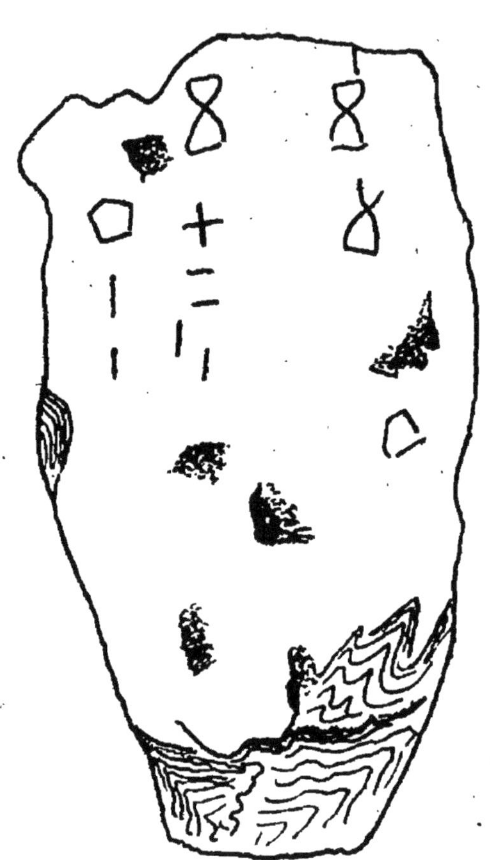

N° 3

Grand bloc de calcaire blanc, affectant la forme générale d'un rectangle dont la base va en se rétrécissant. Le pied est brupt, la partie supérieure fruste. Une cassure récente a séparé l'angle supérieur droit.

Les caractères sont d'une forme inhabile et mal alignés. Ils sont répartis en 3 colonnes verticales n'occupant que le haut de la pierre.

Dimensions de cette pierre : hauteur, 0 m 90; largeur, 0 m 50 dans sa partie la plus large.

A été découverte dans la nécropole libyque du col de Fedj-el-Hadjer-Es-Souassi, au sud-est du Djebel-Lekhal et sur la route de Sidi-Khalifa à Oued-Athménia.

Elle a été transportée à Mila par les soins de M. Sergent et fait partie depuis 1890 du Musée scolaire de cette localité.

Cette inscription a été publiée et décrite dans le *Recueil de la Société Archéologique de Constantine*, savoir : — 1° en 1878, volume 19, page 213 et planche XII (n° 297), par M. Reboud ; — 2° 1892, volume 27, page 229 et planche n° 395, par M. Goyt.

NOTES :

N° 4

Pierre plate en calcaire gris, aux arêtes très fortement endommagées. La forme primitive paraît avoir été celle d'un rectangle allongé, dont une cassure a enlevé une partie de l'angle inférieur gauche avant l'utilisation de la pierre. La surface est mal polie.

Les lettres sont d'une facture médiocre ; elles sont réparties en trois colonnes verticales, celle du milieu ne comprenant que 3 caractères. La colonne de droite est fruste. La lecture donnée par M. Reboud diffère très peu de la nôtre.

La pierre mesure 0 m 67 sur 0 m 45.

Elle provient de la nécropole libyque du col de Fedj-el-Hadjer-El-Souassi, au Sud-Est du Djebel-Lekhal, sur la route de Sidi-Khalifa à l'Oued-Athménia.

Elle a été transportée à Mila par les soins de M. Sergent et fait aujourd'hui partie du Musée scolaire de cette localité.

L'inscription a été décrite et publiée par M. Reboud dans le *Recueil de la Société Archéologique de Constantine,* année 1878, volume 19, page 213 et planche XII (n° 296).

NOTES :

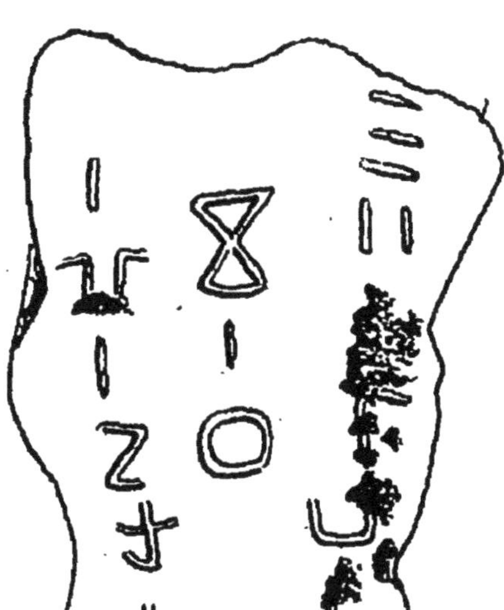

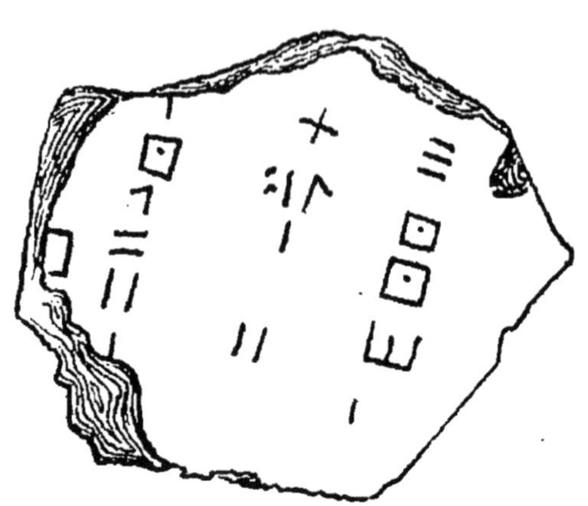

N° 5

Reste d'une dalle en calcaire gris-sale dont les quatre angles ont disparu.

Les traits des lettres sont d'une certaine finesse et les caractères sont rangés, avec plus de soin qu'on en remarque d'habitude dans ces sortes d'inscriptions. en trois colonnes paralèlles.

Hauteur du fragment conservé : 0 m 40 ; largeur, 0 m 50 ; épaisseur, 0 m 09 à 0 m 11.

Provenance inconnue. A été probablement découverte à l'époque de M. Sergent.

Fait partie dn Musée scolaire de Mila.

NOTES :

N° 6

Fragment de calcaire dur, cassé obliquement dans sa partie inférieure et se terminant presque en pointe à la partie supérieure.

Les caractères sont rangés avec peu d'ordre en trois colonnes verticales, dont l'une (celle de droite) est reliée obliquement à celle du milieu par deux lettres qui semblent avoir été ainsi gravées, faute de place.

Dimensions du fragment : 0 m 45 sur 0 m 52.

Provenance inconnue. A été probablement découverte à l'époque de M. Sergent.

Fait partie du Musée scolaire de Mila.

NOTES :

6

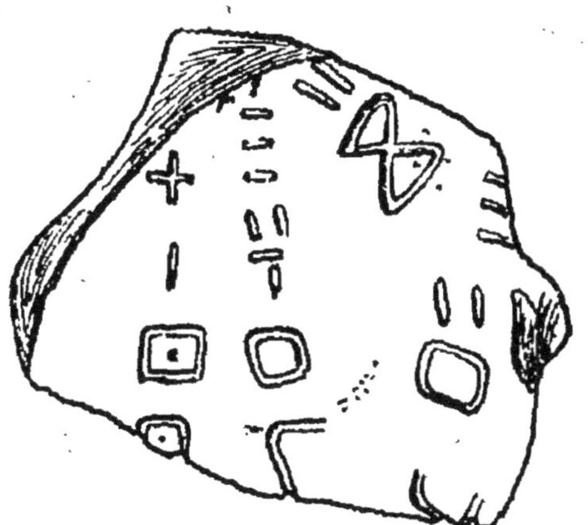

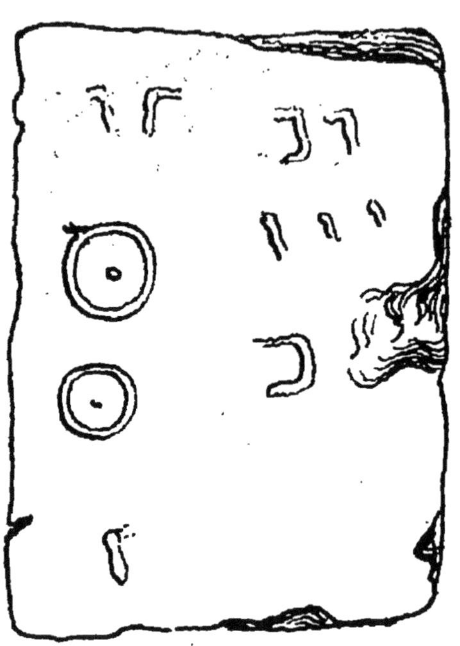

N° 7

Dalle rectangulaire en calcaire gris, très-fruste. La partie droite a particulièrement souffert.

Les caractères sont très grossièrement dessinés et le trait en est fort large. Ils sont difficilement lisibles.

Dimensions : hauteur, 0m 67 ; largeur, 0m 50.

Provenance inconnue. A été probablement découverte à l'époque de M. Sergent.

Fait partie du Musée scolaire de Mila.

A été publiée par M. Goyt, dans le *Recueil de la Société Archéologique de Constantine,* année 1892, volume 27, page 229 et planche n° 396.

NOTES :

N° 8

Dalle carrée en calcaire, privée de son angle supérieur de gauche par une cassure. Très-fruste.

Caractères d'un dessin grossier, à trait large, rangés en trois colonnes.

Dimensions : 0m 62 sur 0m 55.

Provenance inconnue. A été probablement découverte à l'époque de M. Sergent.

Fait partie du Musée scolaire de Mila.

A été publiée et décrite par M. Goyt, dans le *Recueil de la Société Archéologique de Constantine*, année 1892, volume 27, page 229 et planche n° 398.

NOTES :

8

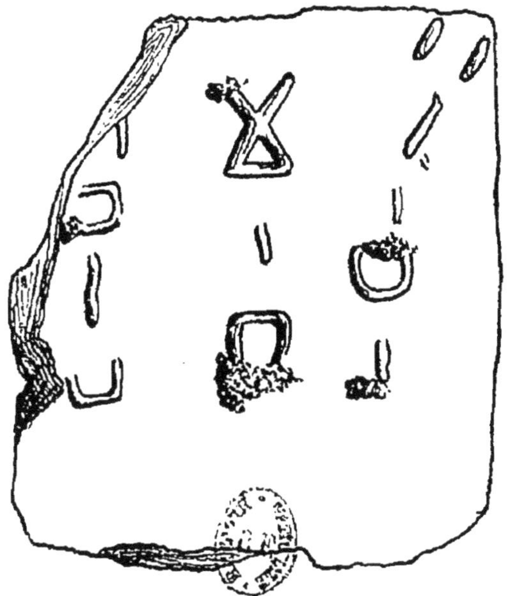

9

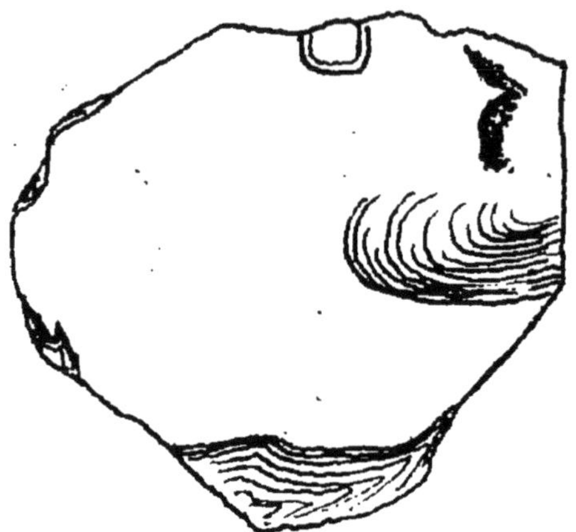

N° 9

Fragment informe d'une inscription dont toutes les lettres, sauf une, ont disparu emportées par une cassure. La pierre est du grès dur.

Ses dimensions actuelles sont de 45 centimètres sur 50.

Sa provenance est inconnue. Elle a été probablement découverte à l'époque de M. Sergent.

Elle fait partie du Musée scolaire de Mila.

NOTES :

N° 10

Grand bloc de calcaire blanc, long de 1 mètre 18 et large à la base de 51 centimètres. Les arêtes sont usées et la tête est arrondie. La partie supérieure gauche a été brisée avant l'utilisation de la pierre.

Les caractères sont alignés avec un certain soin en deux colonnes verticales dont l'une, celle de droite, est plus haute que celle de gauche.

Cette inscription faisait partie d'un mur arabe composé de pierres de taille de provenance romaine, dans la petite mechta de Rharbet-ben-Zazour qui est située, derrière une élévation de terrain, sur la gauche de la traverse de Mila aux bains des Bou-Hallouf, à 1500 m. environ de la première de ces localités.

Découverte en 1891 par M. Jacquot, juge de paix, cette pierre a été transportée par les soins de M. Ponté, instituteur, et avec l'aide des élèves de l'école au Musée scolaire de Mila, dont elle fait aujourd'hui partie.

Elle a été décrite dans le *Recueil de la Société Archéologique de Constantine*, volume 27, année 1892, page 228 et planche n° 391, par M. Goyt.

NOTES :

10

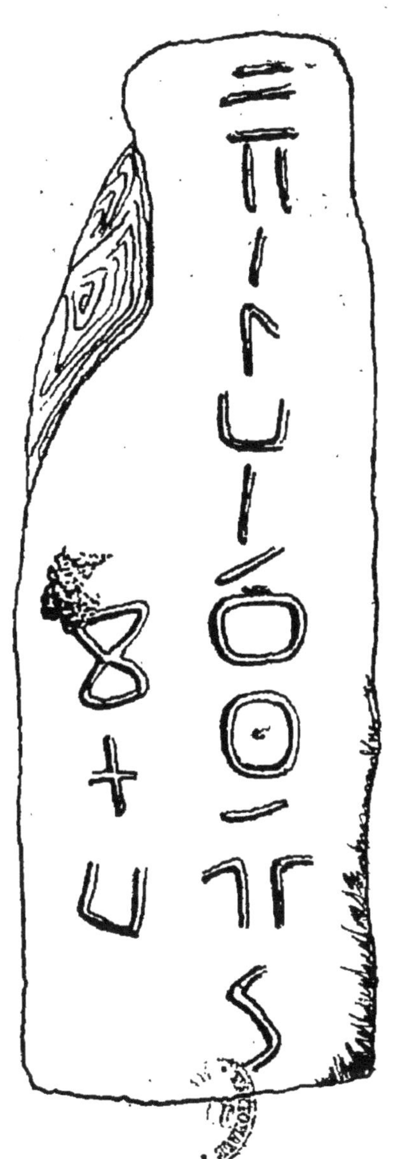

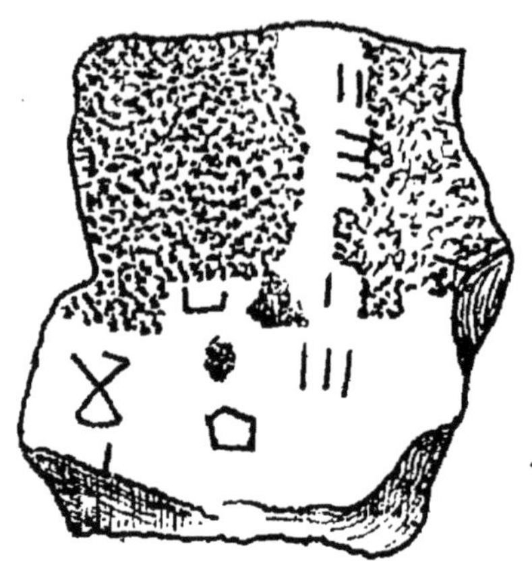

N° 11

Petite dalle carrée en tuf dur, de couleur gris-foncé. Les quatre angles ont été emportés par des cassures ; la surface est usée au point de ne plus laisser apparaître que quelques lettres.

Dimensions : hauteur, 0 m 43 ; largeur, 0 m 40.

Les caractères sont encore maladroits, mais le trait de la gravure est moins grossier que dans les autres documents de ce genre.

Cette inscription gisait au milieu des ruines romaines qui entourent le bordj Belkassem-ben-Lakhdar-ben-Zian, sur le mamelon qui domine la route de Constantine à Mila, au kilomètre 49,300.

Elle a été découverte en 1890 par MM. Ponté et Jacquot et transportée par leurs soins au Musée scolaire de Mila, où elle se trouve actuellement.

Elle a été décrite par M. Goyt dans le *Recueil de la Société Archéologique de Constantine,* volume 27, année 1892, page 228 et planche n° 393.

NOTES :

N° 12

Dalle en calcaire blanc, de forme rectangulaire et à surface très usée.

Sa hauteur est de 0 m 70, sa largeur de 0 m 52.

Les caractères sont d'un trait large, très frustes.

Cette pierre était mêlée à des débris de construction provenant d'une ruine romaine découverte sur un mamelon qui domine, au kilomètre 49,300, la route de Constantine à Mila, près du bordj Belkassem-ben-Lakhdar-ben-Zian. — Découverte en décembre 1890, elle a été apportée à Mila par les soins de MM. Ponté (instituteur) et Jacquot (juge de paix).

Elle fait partie du Musée scolaire de Mila.

Elle a été décrite par M. Goyt dans le *Recueil de la Société Archéologique de Constantine*, volume 27, année 1892, page 228 et planche n° 394.

Observation. — Cette dalle porte, sur la face postérieure, une inscription funéraire latine de la basse époque, ce qui nous permet de supposer que la pierre, taillée plus tard pour servir à un tombeau romain, portait primivement d'autres caractères que ceux que nous y remarquons aujourd'hui.

NOTES:

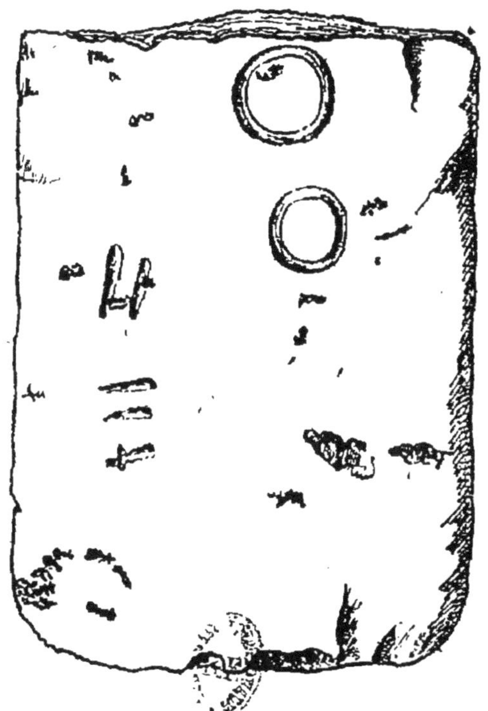

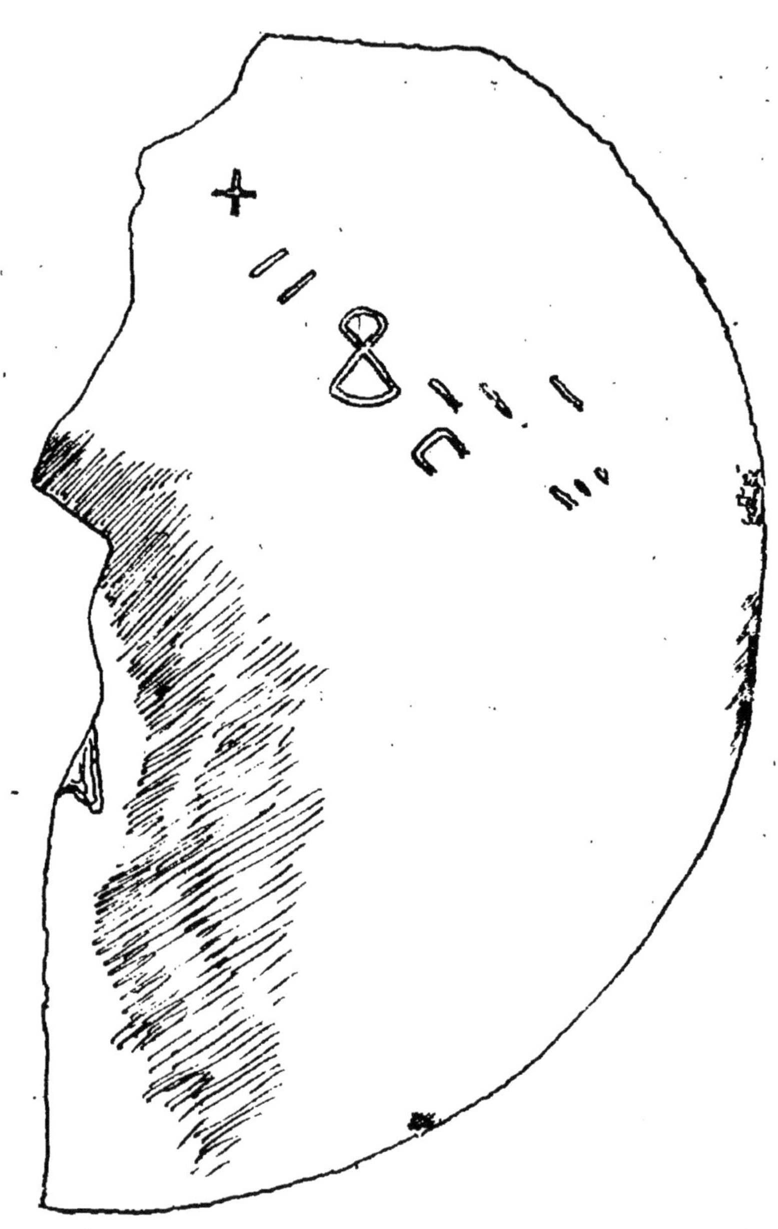

N° 13

Très grande dalle en calcaire gris-sale, extrêmement fruste, et ayant la forme d'une moitié de meule dont la face postérieure porte encore une entaille circulaire très caractéristique.

Les dimensions de ce fragment sont de 1 mètre 35 sur 80 céntimètres.

Les caractères ont en partie disparu; ils sont alignés sans ordre, dans un sens oblique et dans la partie gauche du segment conservé. Le dessin en parait cependant soigné; le trait est moins large que nous ne le voyons sur les autres documents de ce genre.

Cette pierre git au milieu de toute sorte de matériaux d'origine romaine et sur un mamelon qui domine, au kilomètre 49,300, la route de Constantine à Mila, auprès du bordj de Belkassem-ben-Lakhdar-ben-Zian.

Découverte en décembre 1890 par MM. Ponté et Jacquot, elle n'a pu — à cause de son poids — être transportée à Mila et a été laissée sous la garde des propriétaires du bordj.

Elle a été décrite par M. Goyt dans le *Recueil de la Société Archéologique de Constantine*, volume 27, année 1892, page 228 et planche n° 393.

Observation. — Nous supposons que cette dalle, qui devait avoir primitivement des dimensions très considérables, a été façonnée à l'époque romaine pour servir de meule à un moulin ou de porte circulaire à une habitation de campagne.

NOTES :

Oran. — Imp. veuve NUGUES et Cie.

TEXTES LIBYQUES

publiés par la Société archéologique de Constantine (vol. 19e, année 1878),

et disparus depuis leur publication.

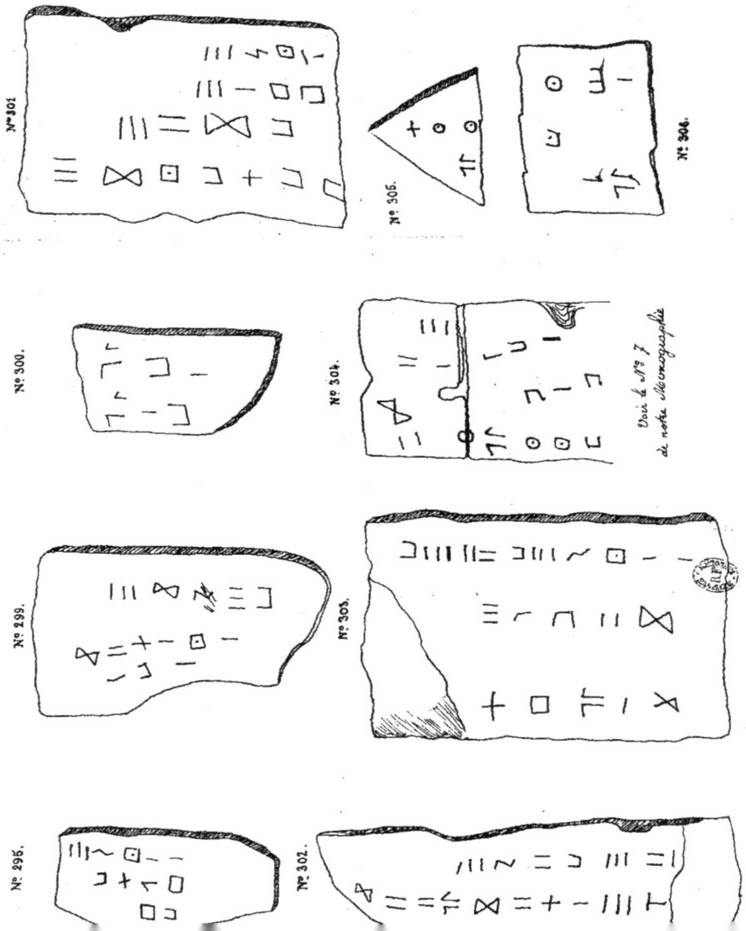

Nº 301

Nº 305.

Nº 306.

Nº 300.

Nº 304.

Voir le Nº 7 de notre Monographie

Nº 299.

Nº 303.

Nº 295.

Nº 302.

DEUXIÈME PARTIE

INSCRIPTIONS NÉO-PUNIQUES

1

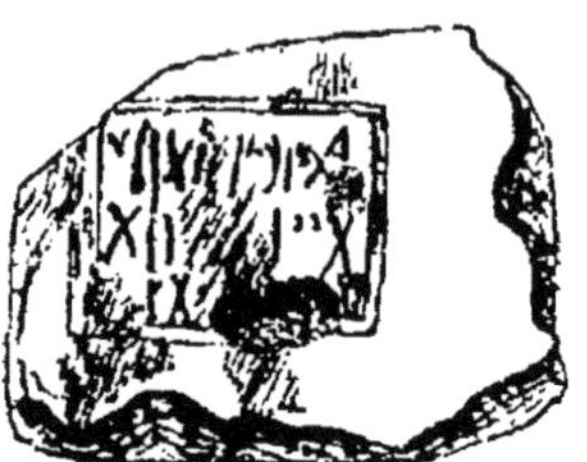

N° 1

Partie inférieure d'une stèle en tuf dur de couleur gris clair, dont la partie supérieure n'a pas été retrouvée. Les arêtes ont disparu. L'inscription est très fruste, presque indéchiffrable.

Hauteur du fragment conservé : 0m31 ; largeur : 0m24 : épaisseur : 0m09.

Dans un cadre rectangulaire en creux, 3 lignes d'écriture néo-punique paraissant d'une bonne gravure.

Trouvé en 1890 à Mila (village français), dans la propriété Lucet (route de Constantine à Djidjelli ou grande rue).

Fait aujourd'hui partie du Musée scolaire de Mila.

N'a pas encore été publiée.

NOTES :

N° 2

Petite stèle à sommet arrondi, en tuf dur, avec socle en saillie à peine taillé.

Hauteur de la pierre : $0^{m}30$; largeur : 0^{m} 25.

Dans un encadrement central arrondi à sa partie supérieure, l'image de Tanit en forme de cône surmonté d'une tête et de deux bras, représentés par un simple trait. La déesse est accostée à gauche d'un losange fortement ovoïde, à droite d'un disque : ces deux figures sont de petites dimensions. Entre l'encadrement central et l'arête extérieure de la pierre : en haut, un petit croissant ouvert ; à gauche, trois disques traversés chacun par un trait médian et qui sont peut-être les restes effacés d'un *Signum* ; à droite, une palme.

Pas de caractères d'écriture.

Trouvé dans la même propriété que la précédente.

Est restée sur les lieux et a été encastrée dans la maçonnerie du mur du fond du jardin, vers le milieu, à environ $0^{m}70$ au-dessus du sol.

Notes :

2

3.

N° 3

Grande stèle rectangulaire à sommet arrondi, en tuf dur de couleur gris foncé ; l'angle supérieur gauche a été brisé.

Hauteur : 0m54 ; largeur : 0m 36.

Dans la partie centrale, un encadrement en creux arrondi au sommet et séparé de la partie supérieure par une double baguette. Dans cet encadrement, un personnage passant à gauche, la tête de face et très grosse, aux oreilles exagérées ; le vêtement est serré à la ceinture, la jupe forme des plis ; aux pieds, des chaussures à talons. Les mains sont levées : la droite tient un petit losange de forme ovoïde. A gauche et en dehors de l'encadrement, un grand losange ovoïde, strié, peut-être un *gâteau* ; à droite, un attribut formé de 4 anneaux superposés (un *Signum* ou un *caducée*); ces deux emblèmes sont de grande dimension : 0m20.

Pas d'écriture apparente.

Origine inconnue.

Se trouve à Mila (village français), maison Maurin, dans la façade extérieure du mur du Sud, à hauteur d'homme.

NOTES :

N° 4

Grande stèle en tuf dur, de couleur gris clair, noyée dans la maçonnerie.

Hauteur de la partie apparente : 0^m56 ; largeur : 0^m33.

Dans la partie supérieure, le cône sacré surmonté d'une tête humaine très allongée et de deux bras, dessinés d'un trait double. A gauche, un *caducée* (?) ; à droite, un losange de forme ovoïde et strié, semblable à l'attribut de gauche de la stèle précédente. Au-dessous de Tanit, dans un cadre rectangulaire très grossier, 2 lignes d'écriture latine en partie illisible :

J V L I A
/ / /

Origine inconnue.

Se trouve dans le même mur que la pierre précédente, un peu plus sur la droite.

Notes :

4

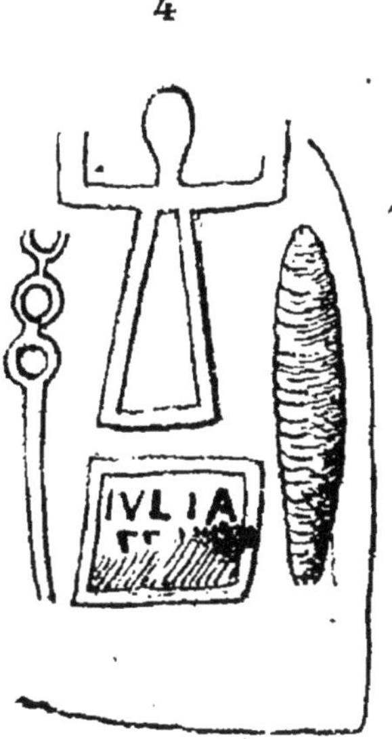

5

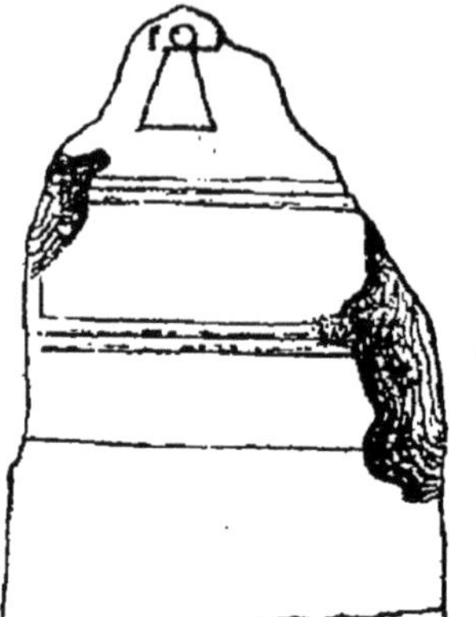

N° 5

Stèle en tuf dur de couleur gris foncé, très endommagée ; les deux angles supérieurs et l'arête latérale droite ont été emportés par des cassures. Socle à peine ébauché.

Hauteur du fragment : 0m41 ; largeur : 0m28.

Tout au sommet, cône sacré surmonté d'une tête humaine et de deux bras, de très petites dimensions : 0m06. Au dessous, dans un encadrement rectangulaire de 0m25 sur 0m08 et bordé d'une double baguette, 2 lignes d'écriture néo-punique.

Origine inconnue.

Se trouve à Mila (village français), maison Roux (à l'angle sud-est du village), dans la maçonnerie extérieure de la façade Ouest, qui donne sur un jardinet. Forme avec les deux suivantes un triangle qui occupe tout le pignon, dans la partie supérieure du mur.

NOTES :

N° 6

Stèle en tuf dur, de couleur gris foncé, à sommet arrondi.

Hauteur : $0^{m}36$; largeur $0^{m}25$.

Dans la partie supérieure, cône sacré surmonté d'une tête humaine et de deux bras dont les mains sont indiquées ; le dessin est plein et non plus fait d'un trait simple ; hauteur : $0^{m}17$. Au-dessous de Tanit, un carré long en creux, de $0^{m}17$ sur $0^{m}10$, avec 2 lignes de caractères néo-puniques indéchiffrables.

Origine inconnue.

Se trouve dans le même mur que la précédente et que la suivante.

Notes :

6

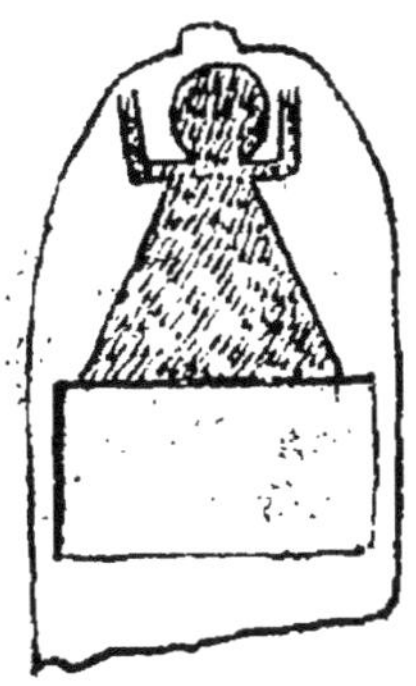

7

N° 7

Grande stèle en tuf dur, de couleur gris foncé, sensiblement plus large à la base qu'au sommet. La partie supérieure a souffert.

Hauteur 0m49 ; largeur, 0m25 et 0m.

Tout en haut, un rosace à 6 branches dans un cercle, en forme de roue ; diamètre : 0m10. Au-dessous, cône sacré surmonté d'une tête humaine et de deux bras, dessinés en creux par un trait large ; hauteur : 0m 10. A gauche de Tanit, uue branche d'olivier (?) ; à droite, un *caducée* (formé d'une hampe supportant un disque, surmonté lui-même de deux pointes incurvées en dehors). Au-dessous de la déesse, dans un cadre très abîmé, 3 lignes d'écriture latine :

DAM/CVL
/V///AT
D//////

Origine inconnue.

Se trouve dans le même mur que les deux précédentes.

NOTES :

N° 8

NOTES :

Oran. — Imp. Vve NUGUES et Cie, boulevard Ckarlemagne

TROISIÈME PARTIE

INSCRIPTIONS LATINES

N° 1

Valerius Sodalis Adjutor.

Caractères grêles et inégaux, d'un très mauvais dessin, variant de 40 à 60 millimètres. L'E de la première ligne est formé de deux barres verticales juxtaposées.

Stèle à sommet arrondi en calcaire blanc. L'angle supérieur droit et toute la partie inférieure manquent. Dimensions du fragment : Hauteur, 0^m32 ; largeur, 0^m27 ; épaisseur, 0^m12 et 0^m18.

Trouvé en 1891, par MM. Ponté et Jacquot, au Vieux-Mila : jardin de la maison Allaoua ben Redjem, derrière la mosquée Abderrhaman.

Se trouve actuellement au Musée scolaire de Mila.

A été publiée dans le Bulletin de la Société archéologique de Constantine, année 1890-1891, vol. 26e, p. 425, n° 1 (Vars).

—

NOTES :

N° 2

*****

Lettres inégales et de mauvaise gravure : l'une d'elles mesure seulement 0m020, les autres ont de 0m045 à 0m050.

Fragment cubique en calcaire blanc, de 0m12 de hauteur sur 0m16 de largeur et 0m16 d'épaisseur. La pierre a été cassée et taillée de telle façon que l'inscription est indéchiffrable.

Trouvé en 1891, par MM. Ponté et Jacquot, au Vieux-Mila, dans les murs de l'ancienne enceinte : façade extérieure, côté Est (derrière le jardin Allaoua ben Redjem).

Se trouve actuellement au Musée scolaire de Mila.

Société archéologique de Constantine, 1890-1891, vol. 26e, p. 425, n° 2 (Vars).

NOTES :

N° 3

...ula (?) Pesc(ennia) V(ixit) A(nnis)...

Lettres d'une gravure médiocre, mais de forme régulière, de 50 à 60 millimètres.

Fragment triangulaire en tuf dur, de 0m33 de hauteur sur 0m16 de largeur et 0m08 d'épaisseur. La partie inférieure ne porte pas de caractères ; la partie supérieure a été cassée au tiers inférieur de la première ligne. Le côté gauche est intact.

Trouvé en 1890, par MM. Ponté et Jacquot, au Vieux-Mila : jardin Ben-Merouch, à fleur de sol (auprès des murs du côté Sud, façade extérieure).

Se trouve au Musée scolaire de Mila.

Société archéologique de Constantine, 1890-1891, vol. 26e, p. 425, n° 3 (Vars).

—

NOTES :

N° 4

D(is) M(anibus) Clod(i)us Sac(erdos...)xo (?) V(ixit) A(nnis) XXXV. H(ic) S(itus E(st).

Entre les deux lettres DM, un croissant de très mauvais dessin.

Lettres régulières, mais frustes : Hauteur, $0^{m}060$ et $0^{m}050$.

Stèle à sommet arrondi, en marbre (calcaire dur) rosé ; dimensions : Hauteur, $0^{m}75$; largeur, $0^{m}56$; épaisseur, $0^{m}26$.

Retrouvé par MM. Ponté et Jacquot : faisait partie de la collection Sergent (ancien administrateur de la commune mixte).

Se trouve au Musée scolaire de Mila.

Société archéologique de Constantine, 1890-1091, vol. 22e, p. 427, n° 4 (Vars).

Déjà décrite dans le même Recueil en 1882, vol. 22e, p. 141, n° 32 (Goyt).

NOTES :

N° 5

Papiria M(arci) F(ilia) Vitalis V(ixit A(nnis) XXXXI H(ic) S(ita E(st).

Au-dessus de l'inscription, un croissant accosté de deux trèfles inscrits chacun dans une circonférence.

Les lettres sont de la plus basse époque, mal gravées et inégalement séparées. Le premier P de la première ligne a la forme d'un B. Les deux lettres suivantes sont à demi effacées. Le premier A de la deuxième ligne n'est pas barré et l'L a le jambage du bas inséré obliquement sur la ligne verticale, à la manière d'un lambda grec minuscule. Hauteur : $0^{m}070$ et $0^{m}080$.

Stèle en forme de dalle, en tuf dur : $0^{m}75$ sur $0^{m}60$ et $0^{m}13$ d'épaisseur.

A fait partie de l'ancienne collection Sergent.

Se trouve au Musée scolaire de Mila.

Société archéologique de Constantine, 1890-1891, vol. 26e p. 427, n° 5 (Vars).

—

NOTES :

N° 6

D(is) M(anibus) Bsura (?) (Vixit An)n(nis)...

Lettres inhabiles et de la plus basse époque : 0m030.

Stèle en calcaire rose (marbre commun), excessivement fruste. La partie supérieure manque et les arêtes latérales ont été brisées. Les dimensions du fragment conservé sont de : Hauteur, 0m59 ; largeur, 0m32 ; épaisseur, 0m15. Le pied n'est pas taillé.

Origine incertaine.

Se trouve au Musée scolaire de Mila.

Société archéologique de Constantine, 1890-1891, vol. 26e, p. 428, n° 6 (Vars).

Observations : — Le nom de Bsura est à remarquer.

Notes :

N° 7

Porciana Potita Vixi(t) Anni(s) V. H(ic)... — Vars.

Porcia, M(arci) F(ilia), Potita. Vix(it) Anni(s) XXXV H(ic) S(ita)... — Goyt.

Caractères inhabilement gravés, quoique de dessin à peu près régulier : leur hauteur varie de 0m060 à 0m040. A la première ligne, A n'est pas barré ; à la deuxième ligne, il en est de même du second A ; à la troisième ligne, le T manque, A et N sont liés ; à la quatrième ligne, deux V.

Stèle en calcaire, cintrée, à sommet arrondi. Les arêtes latérales ont souffert. Hauteur, 0m88 ; largeur, 0m38 ; épaisseur, 0m21.

A fait partie de l'ancienne collection Sergent.

Se trouve au Musée scolaire de Mila.

Société archéologique de Constantine, 1890-1891, vol. 26e, p. 428, n° 7 (Vars).

Déjà décrite dans le même Recueil, année 1882, p. 141, n° 31 (Goyt).

Observations : — « C'est la première fois qu'on rencontre le prœnomen Porciana en Afrique. » (Vars).

—

Notes :

N° 8

*****

Caractères de forme régulière, autant qu'on en peut juger d'après les quelques lettres qui restent seules de l'inscription, très-fruste. Hauteur : 0m045.

Stèle funéraire arrondie au sommet, en calcaire gris. Hauteur, 0m90 ; largeur, 0m50 ; épaisseur, 0m23. A beaucoup souffert. La partie inférieure n'est pas taillée.

A fait partie de l'ancienne collection Sergent.

Se trouve au Musée scolaire de Mila.

Société archéologique de Constantine, 1890-1891, vol. 26e, p. 429, n° 8 (Vars).

—

Notes :

N° 9

Dis Man(ibus) L(ucius) Julius L(ucii) F(ilius) Quir(ina tribu) Maternus. V(ixit) A(nnis) XI. H(ic) S(itus) E(st).

En tête de l'inscription, un croissant presque fermé.

Lettres de 0m050, irrégulières de forme et d'une gravure maladroite. Les A ne sont pas barrés, les S sont allongés ; à la dernière ligne, les trois barres horizontales de l'E sont fortement obliques.

Stèle rectangulaire en calcaire rose, de 0m48 sur 0m48, épaisseur 0m23, avec un socle non taillé.

A la partie supérieure est inscrit un demi-cercle tangent au sommet et aux deux côtés et figurant un sommet arrondi.

Cette pierre a subie des détériorations sensibles.

A fait partie de l'ancienne collection Sergent.

Se trouve au Musée scolaire de Mila.

Société archéologique de Constantine, 1890-1891, vol. 26e, p. 429, n° 9 (Vars).

—

Notes :

N° 10

D(is) M(anibus) C(aïus) Sittius Crescens V(ixit) A(nnis) LXV H(ic) S(itus) (Est).

Entre les deux lettres D et M, un croissant largement ouvert.

Lettres de 0m040 à 0m055, d'un dessin maladroit et irrégulier. L'A n'est pas barré, les S et l'M sont particulièrement mauvais.

Stèle à sommet légèrement arrondi, en calcaire dur de couleur rose. Hauteur, ... ; largeur, 0m50 ; épaisseur, de 0m17 à 0m20. La partie inférieure est brisée, les arêtes sont fortement endommagées.

A fait partie de l'ancienne collection Sergent.

Se trouve au Musée scolaire de Mila.

Société archéologique de Constantine, 1890-1891, vol. 26e, p. 430, n° 10 (Vars).

Notes :

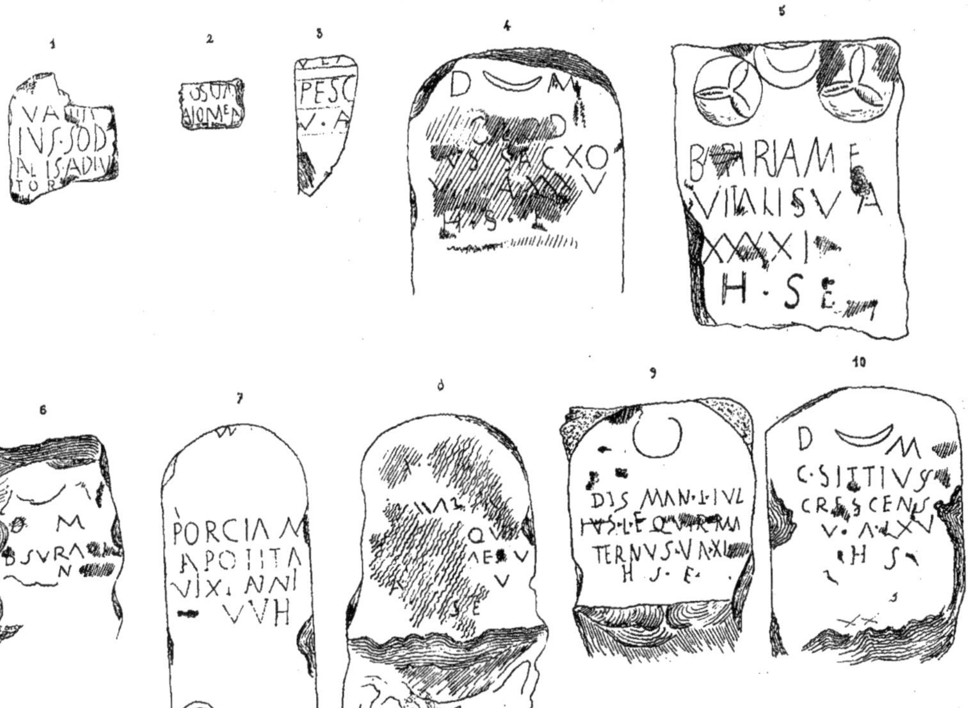

1
2
3
4
5
6
7
8
9
10
PESC
D M
VITALIS V A
H · S E
PORCIA M
VIXI ANNI
DIS MAN · I · IVL
TERNVS · V A XL
D M
C · SITTIVS
CRESCENS

N° 11

D(is) M(anibus) M(arcus) Antistius Satu(r)n(inus ?)

Entre les deux lettres D et M, un croissant largement ouvert.

Caractères d'un mauvais dessin, gravés cependant d'un trait ferme. Les Λ ne sont pas barrés, les jambages de la première N sont obliques. Hauteur, $0^{m}040$ à $0^{m}050$.

Pierre rectangulaire en calcaire rosé, presque carrée, écornée, fruste à la partie inférieure ; hauteur, $0^{m}75$; largeur, $0^{m}48$; épaisseur, $0^{m}16$.

A fait partie de l'ancienne collection Sergent.

Se trouve au Musée scolaire de Mila.

Société archéologique de Constantine, 1890-1891, vol. 26e, p. 430, n° 11 (Vars).

Notes :

N° 12

D(is)..... M(arcus) Sitti(us) M(arci) Fil(ius) Qu(irina tribu) Candid(us). V(ixit).....

A la suite du D de la première ligne, une portion de croissant dont la branche de droite a été emportée par une cassure avec l'M de *Manibus*.

Les lettres sont dessinées avec un certain soin, mais sont cependant encore malhabiles. Le premier T de *Sittius* est penché. Le D de *Dis* semble avoir été gravé après coup. L'A n'est pas barré. A la troisième ligne, les lettres FIL ont perdu leurs traits horizontaux. Hauteur, 0m045.

Fragment très endommagé : l'angle supérieur gauche est seul intact ; hauteur, 0m54 ; largeur, 0m35 ; épaisseur, 0m19.

Trouvé en 1890 par MM. Ponté et Jacquot, au Vieux-Mila, dans le jardin Ben-Merouch, à fleur de terre, non loin des murs (extérieurs) du côté Sud.

Se trouve au Musée scolaire de Mila.

Société archéologique de Constantine, 1890-1891, vol. 26e, p. 431, n° 12 (Vars).

NOTES :

N° 13

Q(*uintus*) *Munatius Venust*(*u*)*s V*(*ixit*) (*annis*) *XXX.*

En tête de l'inscription, un croissant presque fermé.

Les lettres sont bien alignées et bien gravées, mais d'une forme qui permet de les attribuer à la basse époque. L'A n'est pas barré, les traits horizontaux des T sont très courts, les S sont mal formés et l'E a ses traits horizontaux obliques. Hauteur des lettres : $0^{m}050$.

Pierre rectangulaire en calcaire rose, de $0^{m}43$ sur $0^{m}38$ et $0^{m}17$ d'épaisseur, brisée aux angles.

A fait partie de l'ancienne collection Sergent.

Se trouve au Musée scolaire de Mila.

Société archéologique de Constantine, 1890-1891, vol. 26e, p. 431, n° 13 (Vars).

—

Notes :

N° 14

D(is) M(anibus) S(acrum) Cantanus Vix(it) Annis XX H(ic) S(itus).

Ligature des lettres A et N à la 2e ligne. Les A ne sont pas barrés. Les caractères, de 0m030 à 0m045, sont inégaux et mal dessinés.

Pierre de 0m32 sur 0m28, épaisseur 0m12, en calcaire dur, terminée par un pied non taillé ; la partie supérieure et l'arête de droite sont cassées.

A fait partie de l'ancienne collection Sergent.

Se trouve au Musée scolaire de Mila.

Société archéologique de Constantine, 1890-1891, vol. 26e, p. 432, n° 14 (Vars).

Observations : — « C'est la première fois qu'on rencontre le nom de Cantanus en Afrique. Peut-être faudrait-il lire *C(aïus) Antanus* au lieu de *Cantanus.* » (Vars).

—

Notes :

N° 15

D(is) M(anibus) Q(uintus) Caecilius Florentinus V(ixit) A(nnis) XV.

Entre D et M, un croissant ouvert.

Caractères de 0m045, un peu grêles et de mauvais dessin. Les N sont penchés ; l'haste droit des A se prolonge de quelques lignes au-dessus de la lettre.

Bloc rectangulaire en calcaire gris : hauteur, 0m31 ; largeur, 0m36 ; épaisseur, 0m12. Une cassure a emporté l'angle inférieur droit, ce qui rend incertaine la lecture de l'âge.

Trouvée en 1890 par MM. Ponté et Jacquot, près du cimetière arabe, au Vieux-Mila.

Se trouve au Musée scolaire de Mila.

Société archéologique de Constantine, 1890-1891, vol. 26e, p. 432, n° 15 (Vars).

—

NOTES :

N° 16

D(is) M(anibus) F(ulvius) Victor V(i)x(i)t Annis XXV H(ic) S(itus).

Croissant entre les lettres D et M.

Lettres inégales, grêles, quelquefois très ouvertes ; les S sont penchés ; l'A n'est pas barré ; hauteur, 0m050, 0m050, 0m045, 0m040 et 0m050.

Dalle rectangulaire en calcaire rose, intacte. Le pied n'est pas taillé. Hauteur totale, 0m65 ; largeur, 0m47 ; épaisseur, 0m12.

Trouvée en 1890-1891 par MM. Ponté et Jacquot, au Vieux-Mila, maison Ben-Tounsi (rue des Tanneurs). Servait de banc dans le corridor.

Se trouve au Musée scolaire de Mila.

Société archéologique de Constantine, 1890-1891, vol. 26e, p. 433, n° 16 (Vars).

—

Notes :

N° 17

Julius Alo.. r V(ixit) A(nnis) XC. H(ic) S(itus) E(st). — Jacquot.

Julius Arator V(ixit) A(nnis) XI.... — Goyt.

Les lettres sont irrégulièrement espacées, inégales et de mauvais dessin.

Les S sont penchés ; le V de *Alo* est fruste ; le C de l'âge est petit. Hauteur moyenne : 0m060.

Fragment d'un bloc rectangulaire en tuf dur, de 0m39 sur 0m61, épaisseur 0m17, dont l'angle inférieur droit et l'arête droite ont été emportés par une cassure. La partie inférieure manque aussi.

Trouvé en 1891 par MM. Ponté et Jacquot, dans la cour de M. Villedieu (cafetier), grand'rue de Mila.

Se trouve au Musée scolaire de Mila.

Société archéologique de Constantine, 1890-1891, vol. 26e, p. 433, n° 16 (Vars).

Déjà décrite dans le même recueil en 1882, vol. 22e, p. 141, n° 30 (Goyt).

—

Notes :

N° 18

*****

Lettres bien formées, quoique petites (0m035), mais frustes. A la 2e ligne, ligatures des lettres RTI et LI (à remarquer le jambage de l'L) ; l'A n'est pas barré.

Ce qui reste du texte occupe le bas d'une sorte de dé d'autel dont la partie supérieure manque. La plinthe a été écornée. Nature de la pierre : marbre de couleur blanc sale, à gros grain. Hauteur totale du fragment : 0m42 ; largeur du soubassement : 0m35 ; épaisseur, 0m32 ; largeur de la plinthe : 0m47 ; épaisseur, 0m39.

Trouvé en 1891 par MM. Ponté et Jacquot, au Vieux-Mila, dans le jardin du lieutenant Aïssa (haie Nord), près de la Casbah.

Se trouve au Musée scolaire de Mila.

Société archéologique de Constantine, 1890-1891, vol. 26e, p. 434, n° 17bis (Vars).

—

NOTES :

N° 19

D(is) M(anibus) Pescc(nnius) V(ixit) A(nnis)...

Au-dessus de l'inscription, un croissant.

Les lettres sont irrégulières, mal dessinées. Hauteur, 0m050 et 0m055.

Pierre fruste en calcaire; hauteur, 0m32; largeur, 0m44; épaisseur, 0m18.

Trouvé en 1891 par MM. Ponté et Jacquot, au Vieux-Mila (maison Bou-Chemel, dans le dallage de la cuisine en plein vent).

Se trouve au Musée scolaire de Mila.

Société archéologique de Constantine, 1890-1891, vol. 26e, p. 441, n° 33 (Vars).

Observations : — Peut-être faudrait-il lire *Pescenn(ius)* et admettre que le premier jambage de la première N et le second de la deuxième N ont disparu ?

Notes :

N° 20

(Pontifici) Maximo Trib(unitia) Pot(estate) Co(n)s(uli) Des(ignato) Imp(eratori) bis Patri Pat(riæ) Proco(n)s(uli).

Les lettres ont été profondément gravées et sont encore parfaitement lisibles malgré le mauvais état de la pierre. Mais elles sont inégales, mal dessinées et varient de 0m030 à 0m035 de hauteur.

L'inscription est gravée sur une colonne, très fruste, en mauvais marbre blanc abîmé de trous. Cette colonne mesure 1m30 de hauteur sur 0m38.

Trouvé en 1891 par MM. Ponté et Jacquot, sur la route de Djidjelli, au kil. 56. Doit provenir des ruines qui sont éparses un peu plus haut, dans les champs.

Se trouve au Musée scolaire de Mila.

Société archéologique de Constantine, 1890-1891, vol. 26e, p. 444, n° 38 (Vars).

Observations : — S'agit-il de Maximus (235-238), de Philippe l'aîné (244-249) ou de Trébonien Galle (251-253) ?

—

Notes :

11
12
13
14
15
QMVNAT
IVS VE
16
F VICTOR
17
IVLIVS
18
19
PESCEVA
20
MAXIMO TRI
POT COS DES
IMP PATRI
PAT PRO
COS

N° 21

Jul(iano) Victori Ac Triu(mpha)tor(i) Semper Aug(usto).

Lettres très-frustes et inscrites dans un grand désordre, comme pour un essai. Gravure assez large, dessin inhabile. Hauteur : de 0m030 à 0m070.

L'inscription est sur la même colonne que la précédente, du même côté, mais, au bas et en sens inverse. La partie supérieure manque.

Se trouve également au Musée scolaire de Mila.

Société archéologique de Constantine, 1890-1891, vol. 26e, p. 444, n° 39 (Vars).

Observations : — Il s'agit, d'après M. Vars, d'une dédicace à Julien. — A signaler, l'O qui précède le texte.

—

Notes :

N° 22

D(is) M(anibus) Calpurni(a) Felicia V(ixit) A(nnis) XL.

Croissant entre les lettres D et M.

Lettres mal alignées, inégales, mais de forme classique cependant ; $0^{m}040$ à $0^{m}050$.

Stèle rectangulaire en calcaire gris, de $0^{m}71$ de hauteur sur $0^{m}52$ de largeur et $0^{m}18$ d'épaisseur. La partie supérieure de droite est seule à peu près intacte.

Trouvé en 1891 par MM. Ponté et Jacquot, au bordj Bel-Kassem ben Lakhdar ben Zian, sur la route de Constantine (kil. 49.300).

Se trouve au Musée scolaire de Mila.

Société archéologique de Constantine, 1890-1891, vol. 26e, p. 449, n° 41 (Vars).

Inédite.

NOTES :

N° 23

D(is) M(anibus) S(acrum) Sallustia Januaria Vix(it) A(nnis) VI (Hic) S(ita) E(st).

Très-belles lettres, d'un dessin élégant et d'une gravure très-habile. Les deux premiers A de la 3e ligne ne sont pas barrés. Caractères de 0m033 et 0m038, gravés en coin.

L'M du DMS est comprise entre les deux branches d'un croissant.

Stèle rectangulaire en beau calcaire bleu. Les arêtes seules ont souffert. Dimensions : Hauteur, 0m40 ; largeur, 0m22 ; épaisseur, 0m09.

A fait partie de l'ancienne collection Sergent.

Se trouve au Musée scolaire de Mila.

Société archéologique de Constantine, 1879-1880, vol. 20e, p. 75, n° 132 (Reboud).

—

NOTES :

N° 24

D(is) S(acrum) Ma(nibus) Paquia Satura P(ublii) F(ilia) Qui(rina tribu) V(ixit) A(nnis) XII.

Croissant de grande dimension, au-dessus de l'inscription.

Lettres médiocres, de 0m060, de forme classique. L'I de DIS porte un accent aigu, l'M et l'A de la première ligne sont liés.

Stèle à sommet triangulaire. Une cassure superficielle de l'angle inférieur droit rend la lecture de l'âge incertaine. Hauteur, 0m62 ; largeur, 0m42 ; épaisseur, 0m12.

A fait partie de l'ancienne collection Sergent.

Se trouve au Musée scolaire de Mila.

Société archéologique de Constantine, 1879-1880, vol. 20e, p. 40, n° 60 (Reboud).

—

NOTES :

N° 25

Q(*uintus*) *Granius Martialis Latiarius militavit* (*annis*) *XXV.*

Lettres sans élégance, dont plusieurs penchées. A la 2e ligne l'haste droit des A dépasse le sommet de la lettre. Le G a la forme d'un C. Hauteur moyenne : 0m050.

L'inscription est gravée dans un cartouche à queue d'aronde, de 0m20 sur 0m44, sur la face supérieure d'une pierre de calcaire rose, de 0m50 sur 0m65 et 0m32 d'épaisseur.

Trouvée en 1879 dans les jardins du Vieux-Mila, par MM. Reboud et Goyt (probablement dans les environs de Sidi-Bou-Yahia).

Se trouve au Musée scolaire de Mila.

Société archéologique de Constantine, 1879-1880, vol. 20e, p. 39, n° 58 (Reboud et Goyt).

—

NOTES :

N° 26

D(is) M(anibus) L(ucius) Ferrius E(milii) Fil(ius) Quir(ina tribu) Avitus V(ixit) A(nnis) LXXX.

Lettres d'un beau dessin et d'une gravure soignée, hautes de 0m050 (1re, 2e et 3e lignes) et de 0m045 (4e et 5e lignes). Les jambages des R, le trait des L et la queue du Q s'allongent au-dessous de la ligne. Ligature des lettres I et R à la 3e ligne. Le dernier A n'est pas barré.

Dé d'autel en marbre (calcaire) gris, avec moulures de base et corniche. La plinthe supérieure est surmontée de volutes, frustes mais élégantes. Dimensions : Hauteur totale, 0m92 ; hauteur du fût, 0m69 ; largeur, 0m33 ; épaisseur, 0m39.

A fait partie de l'ancienne collection Sergent.

Se trouve au Musée scolaire de Mila.

Société archéologique de Constantine, 1879-1880, vol. 20e, p. 40, n° 70 (Reboud et Goyt).

Notes :

N° 27

Apronius E(milii ?) Fil(ius V(ixit) A(nnis) XXII. — Jacquot.

Apronius Lelius V(ixit) A(nnis) XXII. — Goyt.

Caractères inégaux, grêles, de 0m060 à 0m080 ; ces lettres sont d'un ouvrier très inhabile. Le premier A n'est pas barré ; N et I sont liés ; le jambage droit de l'R se prolonge au-dessous de la ligne ; l'F a trois traits horizontaux.

Pierre très fruste en calcaire rose ; le sommet est brisé ; hauteur, 0m46 ; largeur, 0m43 ; épaisseur, 0m17.

A fait partie de l'ancienne collection Sergent.

Se trouve au Musée scolaire de Mila.

Société archéologique de Constantine, 1879-1880, vol. 20e, p. 40, n° 68 (Reboud et Goyt).

Décrite dans le même recueil, en 1882, vol. 22e, p. 141, n° 29 (Goyt).

—

Notes :

N° 28

D(is) M(anibus) Q(uintus) Clo(dius) Pugel(lus) Vi(xit) A(nnis) XXX.

Les lettres sont bien alignées et de mêmes dimensions dans chaque ligne : 0^m050, 0^m040 et 0^m050 ; mais plusieurs sont penchées, les C ont la forme de G, l'A n'est pas barré.

Croissant au-dessus de l'inscription.

Stèle en calcaire rose, de forme rectangulaire, à socle non taillé : hauteur, 0^m58 ; largeur, 0^m46 ; épaisseur, 0^m24. Demi-cercle tengeant à l'arête supérieure.

A fait partie de l'ancienne collection Sergent.

Se trouve au Musée scolaire de Mila.

Société archéologique de Constantine, 1879-1880, vol. 20e, p. 40, n° 59 (Reboud et Goyt).

—

NOTES :

N° 29

D(is) Man(ibus) C(aius) Seius Ninus (?) V(ixit) A(nnis) XXV. H(ic) S(itus).

En tête de l'inscription, un croissant. Dans l'angle supérieur droit, une croix. Ces deux emblèmes sont de la même main que le texte.

Caractères larges, maladroits, très inégaux (variant de $0^{m}035$ à $0^{m}070$). Les N sont penchés, les A ne sont pas barrés, les traits de l'E sont obliques, les S d'une hauteur exagérée, surtout la 3ᵉ.

Pierre très fruste, en calcaire gris, de $0^{m}63$ sur $0^{m}48$; épaisseur, $0^{m}12$. Le sommet est grossièrement arrondi, l'angle supérieur gauche est cassé.

Trouvée vers 1879 par le capitaine Mercier, aux environs de la source thermale d'Aïn-Tinn ; a fait partie de l'ancienne collection Sergent.

Se trouve au Musée scolaire de Mila.

Société archéologique de Constantine, 1879-1880, vol. 20ᵉ, p. 8, n° 3 (Reboud).

—

NOTES :

N° 30

L(ucius) Julius L(ucii) F(ilius) Quir(ina tribu) Sarnus Calidi(us) V(ixit) A(nnis) LXXV. H(ic) S(itus) E(st) O(ssa) T(ua) B(ene) Q(uiescant).

Croissant au-dessus de l'inscription.

Caractères d'une bonne gravure, mais d'un dessin irrégulier. L'F a la queue légèrement inclinée vers la gauche; les deux premiers A ne sont pas barrés, le B a ses deux boucles séparées, V et R sont liés, ainsi que N et I (à la 2e ligne) et XV (4e ligne). Hauteur des lettres, 0m050 et 0m060.

Stèle à sommet arrondi, en calcaire rose et blanc ; hauteur, 0m75 ; largeur, 0m50 ; épaisseur, 0m23.

A fait partie de l'ancienne collection Sergent.

Se trouve au Musée scolaire de Mila.

Société archéologique de Constantine, 1879-1880, vol. 20e, p. 195, n° 184 (Reboud).

—

NOTES :

21
22
23
24
25
D M
CALPVRNI
FELICIA
D M S
SALLVSTIA
IANVARIA
VIX·A·VI·
H·S·E·
DIS·MA
SATVRA
A·I·XII
Q·CRANIVS M
ARTIALIS LATIA
RIVS·XXV·C·F
D M
AVITVS
27
28
29
D·M·Q·GLO
XXX
C·SEIVS
L·IVLIVS L·F
QVR SARNVS
CALIDI
SE OTBQ
30

N° 31

D(is) M(anibus) Q(uintus) Fabius J(ulii) F(ilius) Q(uirina tribu) Crispinus V(ixit) A(nnis) LXX H(ic) S(itus) E(st) O(ssa) T(ua) B(enc). Q(uiescant).

Très-belles lettres de 0m050, d'un dessin absolument correct. Ligatures de BI à la 2e ligne et de RI à la 3e ; l'L de la 5e ligne a son jambage horizontal oblique et descendant au-dessous de la ligne.

Dé d'autel en calcaire blanc, cassé au ras des moulures de base. Hauteur totale, ... ; hauteur du fût, ... ; largeur du fût, 0m36 ; épaisseur du fût, 0m35.

A fait partie de la collection Sergent.

Se trouve au Musée scolaire de Mila.

Société archéologique de Constantine, 1879-1880, vol. 20e, p. 40, n° 69 (Reboud et Goyt).

—

NOTES :

N° 32

(Dis M)anibus ......a Petreia (Vixit) A(nnis) XXV H(ic) S(ita) E(st).

Au-dessus de l'inscription, un croissant accosté d'une rosace (formée d'une fleur à 6 branches inscrite dans une circonférence).

Lettres de 0m040, inégales et maladroites. Le 3e et le 4e A ne sont pas barrés, l'E de la dernière ligne a perdu son trait inférieur.

Débris de stèle en calcaire gris, à sommet arrondi surmonté aux angles de saillies en forme de demi-cylindres. La pierre est brisée diagonalement, depuis le milieu du croissant jusqu'au milieu de l'H. Hauteur du fragment, 0m50 ; largeur, 0m39 ; épaisseur, 0m21.

Trouvée en 1891 par MM. Pontet et Jacquot, dans le hangar Villedieu, à Mila.

A probablement fait partie de la collection Sergent.

Se trouve au Musée scolaire de Mila.

Société archéologique de Constantine, 1879-1880, vol. 20e, p. 40, n° 66 (Reboud et Goyt).

—

NOTES :

N° 33

L(ucius) Atilius Catulus V(ixit) A(nnis) XXXV H(ic) S(itus) E(st).

Croissant au-dessus de l'inscription.

Lettres de 0m060 (0m070 à la 3e ligne), formées d'un trait léger, régulièrement alignées, de forme correcte, mais de gravure médiocre. Les A ne sont pas barrés.

Pierre tombale en calcaire gris, arrondie au sommet, brisée à la partie inférieure. La cassure a emporté la moitié des lettres HSE ; hauteur, 0m55 ; largeur, 0m51 ; épaisseur, 0m20.

A fait partie de la collection Sergent.

Se trouve au Musée scolaire de Mila.

Société archéologique de Constantine, 1879-1880, vol. 20e, p. 194, n° 182 (Reboud).

—

Notes :

N° 34

Dis Manibus Sacrum N..... Vixit Ann(is) LXXXXV
.....

Au-dessus de l'inscription, un croissant accosté de deux trèfles inscrits chacun dans une circonférence.

Les lettres sont grêles, peu soignées aux deux premières lignes, plus régulières ensuite ; leur hauteur est de 0m050 et 0m055.

Pierre tombale en calcaire gris, brisée de tous les côtés sauf vers l'arête latérale gauche, qui est intacte ; hauteur du fragment, 0m64 ; largeur, 0m51 ; épaisseur, 0m18.

A fait partie de la collection Sergent.

Se trouve au Musée scolaire de Mila.

Société archéologique de Constantine, 1879-1880, vol. 20e, p. 40, n° 64 (Reboud).

NOTES :

N° 35

*****

Belles lettres de $0^{m}045$, très correctement dessinées.

Fragment informe en tuf dur, de $0^{m}28$ sur $0^{m}20$.

Trouvé en 1891 par MM. Ponté et Jacquot, dans les jardins du Vieux-Mila (chez Youssef ben Chaaban).

Se trouve au Musée scolaire de Mila.

Inédit.

—

NOTES :

N° 36

..... *V(ixit) A(nnis) LXXX*

Lettres irrégulièrement allignées, inégales (0^m040 à 0^m050), mais de dessin cependant correct.

Débris en calcaire blanc ; le fragment affecte la forme d'un triangle. Hauteur, 0^m19 ; largeur, 0,17 ; épaisseur, 0^m09.

Trouvé en 1892 par MM. Ponté et Jacquot, à Marchou, dans la partie Sud des ruines qui jonchent le plateau, au-dessus de la ruine appelée M'taân N'ssara.

Se trouve au Musée scolaire de Mila.

Inédit.

—

Notes :

N° 37

.....(*Vixit*) *A*(*nnis*) *XL*... *O*(*ssa*) *T*(*ua*) *B*(*ene*) *Q*(*uiescant*).

Gros caractères de 0m070, d'un travail médiocre.

Pierre en tuf dur, de 0m35 sur 0m28, n'ayant conservé intacte que la partie du côté droit qui se trouve à hauteur de la formule.

A été trouvée en 1892 par MM. Ponté et Jacquot, dans les jardins de Mila : propriété Mohamed ben Hamdi, auprès de la rivière qui descend du Moulin Veyrine ; servait de margelle à un bassin d'arrosage.

Se trouve au Musée scolaire de Mila.

Inédite.

—

Notes :

N° 38

N° 39

N° 40

31
D M
Q FABVS
F Q C R S
PINVS
VAL XX
H S E
O T B O
32
ANIBVS
A PETREIA
A·XXV
H·S·F
33
LATIILIVS·C
ATVLVSV·A·
XXXV
34
DIS·MANIBVS
SACRVM A
VIXITANIV
LXXXXV
35
MA
SEX
36
MTA
37
O·EB·O

N° 41

D(is) M(anibus) L(ucius) Perellius Saturus V(ixit) A(nnis) LXXX H(ic) S(itus).

Au dessus de l'inscription, un croissant.

« Le premier D, qui est très fruste, a dû être tracé après coup, en imitation de la lettre suivante. » Les caractères sont de la basse époque, inégaux. L'haste droit du dernier A se prolonge au-dessus de la lettre ; le trait horizontal de la dernière L s'allonge au-dessous des trois X ; les A ne sont pas barrés. Hauteur des lettres : 1re ligne, 0m065 ; 2e ligne, 0m055 ; 3e ligne, 0m045.

Pierre très fruste en mauvais calcaire ; hauteur, 0m54 ; largeur, 0m44.

Se trouve au village français de Mila, ancienne maison Gigot, devant la porte du magasin qui ouvre sur le boulevard (Est), dans le pavage et à plat.

Société archéologique de Constantine, 1890-1891, vol. 26e, p. 438, n° 25 (Vars).

—

Notes :

N° 42

Manlia...... F(ilia) Faustilla V(ixit) A(nnis) LXXXX H(ic) S(ita) O(ssa) T(ua) B(ene) Q(uiescant).

Croissant très-large en tête de l'inscription.

Lettres de 0m055 à 0m070, de forme classique, mais d'une gravure inhabile. Le Q final est de dimensions très réduites.

Stèle à sommet arrondi, en calcaire gris, veiné de rose. Fruste le long de l'arête latérale gauche ; des éclats ont enlevé un D au commencement de la 2e ligne et un L au commencement de la 3e ligne (lecture de M. Reboud). Hauteur, 0m73 ; largeur, 0m50 ; épaisseur, 0m27.

Se trouve au village français de Mila, maison Deporter, dans la maçonnerie du mur du jardin, façade extérieure, sur le boulevard de l'Est.

Aurait été trouvée dans le voisinage.

Société archéologique de Constantine, 1879-1880, vol. 20e, p. 194, n° 177 (Reboud et Goyt).

—

Notes :

N° 43

(F)abia C(aïi) F(ilia) Fausta Vix(it) Anis LXXX. H(ic) S(ita) (Est).

Lettres inégales, mal soignées, mais de type classique. Hauteur des lettres : 1re ligne, 0m050 ; 2e ligne, 0m030 ; 3e ligne, 0m040.

Débris informe, en calcaire gris, de 0m83 de hauteur, brisé de tous côtés et noyé dans la maçonnerie. Largeur, 0m35 ; épaisseur, 0m23.

Se trouve au village français de Mila, maison Deporter, dans le mur du jardin, façade extérieure, sur la rue.

Paraît avoir été trouvée dans les environs.

Société archéologique de Constantine, 1879-1880, vol. 20e, p. 194, n° 178 (Reboud et Goyt).

—

Notes :

N° 44

J(ulius) Statulinius Fatalis H(ic) S(itus) E(st)... XX.

Au-dessus, un croissant.

Inscription très mauvaise : les lettres sont gravées en désordre, d'un trait lourd et large. Les A ne sont pas barrés, certains caractères penchent à droite ou sont en dehors de la ligne ; les deux XX de l'âge semblent avoir été oubliés et rajoutés après coup. La hauteur des lettres varie de $0^{m}025$ à $0^{m}070$.

Fragment de $0^{m}48$ sur $0^{m}31$, en calcaire gris.

Se trouve au même lieu que la précédente, contre le montant de la porte.

Paraît aussi avoir été trouvée dans les environs.

Société archéologique de Constantine, 1879-1880, vol. 20e, p. 195, n° 183 (Reboud et Goyt).

Observations : — « Le croissant paraît remplacer le D. M. S. » (Vars).

—

Notes :

N° 45

Falcidia Secunda Vix(it) An(nis) LI... H(ic) S(itus) E(st).

Un croissant au-dessus de l'inscription.

Caractères sans élégance, mal alignés et d'un travail maladroitement exécuté. Les Λ ne sont pas barrés. Hauteur des lettres : 0m050 et 0m060.

Stèle brisée par les ouvriers lors de sa mise en place dans la maçonnerie, comme les précédentes. Dimensions impossibles à prendre.

Se trouve au même lieu que la précédente et forme le seuil même de la porte.

Paraît aussi avoir été trouvée dans les environs.

Société archéologique de Constantine, 1879-1880, vol. 20e, p. 194, n° 179 (Reboud et Goyt).

Observations : — « Le croissant paraît remplacer le D. M. S. » (Vars).

—

Notes :

N° 46

Vi(bius ?) Junius Avida V(ixit) A(nnis) IIII.

Caractères maladroits, très frustes. L'A qui commence la 2e ligne est douteux ; une cassure a emporté la partie inférieure de la dernière ligne. La hauteur des lettres varie de 0m040 à 0m050.

Fragment très endommagé, de 0m29 sur 0m38. Les arêtes sont écornées, le bas de la pierre manque. Calcaire gris.

Se trouve au village français de Mila, devant la porte charretière de la maison Pinsa, dans le pavage de la rue.

Société archéologique de Constantine, 1890-1891, vol. 26e, p. 438, n° 26 (Vars).

NOTES :

N° 47

Julia Dyrus (?) V(ixit) A(nnis) XCVII... H(ic) S(ita) E(st).

« L'inscription est enfermée dans un carré dont le haut des côtés verticaux ressort en queue d'aronde. » Les lettres ont de 0m040 à 0m070 ; elles sont inégales, médiocrement dessinées. A remarquer la lettre bizarre qui termine la première ligne : elle a la forme d'un Y largement ouvert.

Pierre en calcaire blanc, de 0m92 sur 0m49, très fruste (le bas est cassé et manque). La forme générale est celle d'une boîte à violon. Au-dessus de l'inscription, et séparé de celle-ci par trois moulures, est ciselé un panneau sans aucun emblème ni inscription.

Se trouve au village français de Mila, cour de la maison Morin.

Trouvée en 1891 par MM. Ponté et Jacquot.

Société archéologique de Constantine, 1890-1891, vol. 26e, p. 439, n° 28 (Vars).

—

NOTES :

N° 48

Dis Mani(b)us Celia Matrona...

Croissant de très grande dimension au-dessus de l'inscription.

Lettres de 0m050 à 0m060, dont les traits sont larges de plus d'un centimètre. Les A ne sont pas barrés, le jambage de l'L est oblique et part du milieu du trait vertical.

Pierre très fruste, en calcaire gris, brisée au-dessous de MATRONA ; l'angle inférieur gauche a été cassé, de sorte qu'il manque le bas du D, tout le B et la moitié de l'M de la dernière ligne. Le sommet paraît avoir été arrondi. Hauteur du morceau, 0m50 ; largeur, 0m55.

Se trouve à la Mairie de Mila, encastrée dans le mur mitoyen du jardin de l'ancienne Ecole des Garçons.

A été trouvé à Bab-Trouch (Oued K'ton), en 1878-79, par M. Reboud.

Société archéologique de Constantine, 1879-1880, vol. 20e, p. 17, n° 17 (Reboud et Goyt).

—

Notes :

N° 49

D(is) M(anibus) S(acrum)....... (R)ogatus V(ixit)....... H(ic) S(itus) E(st).

Au-dessus de l'inscription, un croissant.

Lettres inégales, frustes, irrégulières, variant de 0m045 à 0m065. Mauvaise gravure. La 2e ligne est illisible.

Stèle à sommet arrondi, en mauvais calcaire et fortement abîmée ; le côté droit est seul à peu près intact ; l'angle inférieur gauche a été emporté par une cassure, depuis le milieu du D jusqu'à l'H. Hauteur, 0m54 ; largeur, 0m55.

Se trouve au même lieu que la précédente : Mairie de Mila, jardin de l'ancienne École des Garçons, dans le mur mitoyen.

Société archéologique de Constantine, 1890-1891, vol. 26e, p. 435, n° 19 (Vars).

—

Notes :

N° 50

D(is) M(anibus) Flavius.....

Au-dessus de l'inscription, un croissant.

Belles lettres de 0m065, gravées avec soin. Les traits horizontaux de l'F sont légèrement relevés ; les jambages des M dépassent l'extrémité supérieure de ces lettres.

Pierre en calcaire blanc, brisée au tiers supérieur de la 3e ligne. Hauteur du fragment, 0m32 ; largeur, 0m45. Un trait en forme de demi-cercle, tangent à l'arête supérieure, figure le sommet arrondi d'une stèle.

Se trouve dans la cour de la Mairie de Mila, encastrée dans le mur de la maison Xénophon (ancien jardin de l'École des Filles), la première d'une rangée de onze pierres funéraires.

—

NOTES :

Pl. V

N° 51

..... *M(arci) F(ilius) Faustil(lus) V(ixit) A(nnis) XXV H(ic) S(itus).*

Au-dessus de l'inscription, un croissant très ouvert.

Lettres grêles, bien gravées à la 3e ligne (0m060), médiocres à la 2e (même hauteur), mauvaises à la 1re (0m070), les A ne sont pas barrés.

Stèle de 0m70 sur 0m84, en tuf dur ; le sommet est arrondi et le pied, non taillé, est séparé de l'inscription par une ligne horizontale.

Se trouve dans le même lieu que la précédente, à la droite de celle-ci, c'est-à-dire la deuxième de la rangée en partant de la gauche.

Notes :

N° 52

D(is) M(anibus) Julia L(ucii) Fil(ia) Marta V(ixit) A(nnis) CV... H(ic) S(ita) E(st) O(ssa) T(ua) B(ene) Q(uiescant).

Très belles lettres de 0m050 et 0m065, parfaitement conservées et gravées avec beaucoup de soin. Le C et le Q sont seuls un peu plus petits que les autres lettres.

Pierre en beau calcaire blanc, brisée à sa base et malheureusement fendue en quatre morceaux par deux cassures se coupant à angle droit sur l'H. Belle corniche à moulures soignées. Hauteur de la pierre, 0m85 ; largeur, 0m44.

Se trouve à la droite de la précédente, la troisième de la rangée.

Société archéologique de Constantine, 1879-80, vol. 20e, p. 40, n° 65 (Reboud).

—

NOTES :

N° 53

Numini Cælestis Aug(ustæ) Imp(eratore) Traiano Hadrian(o) Cæs(are) Aug(usto) tr(ibunitia) p(otestate) p(ontifice) m(aximo) co(n)s(ule) III — Q(uintus) Rœcius Quadratus her(edes) temp(lum) fec(erunt) lib(enter) an(im)o sibi her(edi) hered(ib)us ve colendum p(ecunia) D(edicaverunt) VII idus Sept(embres) L(ucio) Catillio Severo II Tito Aurelio F(ulvo) (Arrio) Antonino co(n)s(ulibus) Curatore Rœ(ci)o D(evoto) M(ajestati) e(jus). — Demaeght.

L'inscription est dans un cadre de 0m30 sur 0m40, dont les côtés ressortissent en queue d'aronde. Les lettres, dont la hauteur varie de 0m050 à 0m015, sont irrégulières, très serrées aux dernières lignes et maladroites. Les H ont la forme d'h minuscules. A la 5e ligne, N et O sont liés. La 5e ligne est d'une lecture difficile ; les premières lettres de la 8e ont disparu.

La pierre qui porte l'inscription a 0m37 de hauteur sur 0m60 de largeur. Calcaire gris.

Se trouve à la droite de la précédente, la quatrième de la rangée.

Trouvée vers 1876 par M. Sergent, à Rouached, sur un mamelon qui domine la vallée de l'Oued-Melah, et apportée à Mila par les soins de cet administrateur.

Société archéologique de Constantine, 1876-1877, vol. 18e, p. 523, n° 27 (Poulle).

Observations : — « Quintus Rœcius Quadratus adressait sa dédicace à la déesse carthaginoise Cælestis, le 7 des ides de Septembre, sous le consulat de Lucius Catillius Severus, consul pour la 2e fois, et de Titus Aurélius Fulvus Antoninus (119 de J.-C.) »

—

Notes :

N° 54

D(is) M(anibus).....

Les autres lignes sont indéchiffrables.

Au-dessus de l'inscription, un croissant.

Les lettres ont 0m040 ; elles sont frustes, gravées d'un trait fin, bien alignées, mais d'un travail médiocre. L'inscription est enfermée dans un cadre dont la partie supérieure, arrondie, est séparée du panneau inférieur par un double trait, et ne renferme que les lettres D M et le croissant.

La pierre, en tuf dur, est à sommet arrondi dont les angles portaient en saillie un demi cylindre ou caisson. Elle est brisée au ras de la 5e ligne, et des cassures ont emporté la partie droite des trois premières lignes. Hauteur, 0m40 ; largeur, 0m42.

Se trouve à la droite de la précédente, la cinquième de la rangée.

—

Notes :

N° 55

A(ger) P(ublicus) C(ircensium).

Belles lettres de 0m11, correctement gravées.

Pierre carrée en calcaire blanc, de 0m37 sur 0m45, fruste dans la partie inférieure et brisée à l'angle supérieur droit.

Se trouve à la droite de la précédente, la sixième de la rangée.

A fait partie de l'ancienne collection Sergent.

Doit provenir des environs de la rivière qui sépare le village français de la vieille ville de Mila.

Société archéologique de Constantine, 1878, vol. 19e, p. 387, n° 103 bis (Poulle).

—

NOTES :

N° 56

D(is) M(anibus) C(aius) Julius Martialis V(ixit) A(nnis) LXXXV... H(ic) S(itus) E(st)... O(ssa) T(ua) B(ene) Q(uiescant).

Croissant au-dessus de l'inscription.

Belles lettres de 0m055 et 0m045, soignées comme dessin et comme gravure. Ligatures de M A à la 2e ligne, de V A et de X V à la 4e ligne. Le trait horizontal de l' L, à la 4e ligne, se prolonge au-dessous de la ligne.

Pierre rectangulaire en mauvais calcaire, de 0m46 sur 0m38; le pied n'est pas taillé, les arêtes ont souffert.

Origine inconnue.

Se trouve à droite de la précédente, la septième de la rangée.

Société archéologique de Constantine, 1879-1880, vol, 20e, p. 40, n° 63 (Reboud et Goyt).

NOTES :

N° 57

Julia Lucia Cisiilia (sic) *V(ixit) A(nnis) V... O(ssa) T(ua) B(ene) Q(uiescant).*

Lettres très frustes et d'un dessin très maladroit; hauteur, 0m050 et 0m055. Les A ne sont pas barrés, le T de la dernière ligne est penché ; le cognomen est à peu près illisible.

Pierre rectangulaire en mauvais calcaire, de 0m33 sur 0m39, très abîmée.

Origine inconnue.

Se trouve à la droite de la précédente, la huitième de la rangée.

Société archéologique de Constantine, 1890-1891, vol, 26e, p. 440, n° 29 (Vars).

—

Notes :

N° 58

..... *Licilius (?) (Ro)catus Vi(xit) Anis...*

Les caractères (de 0^m53 et mal alignés) sont l'œuvre d'un ouvrier très maladroit. L'inscription est tout à fait fruste. Les A ne sont pas barrés.

Pierre carrée, en tuf dur, de 0^m34 sur 0^m37, aux arêtes brisées. Une fente verticale partage l'inscription en deux parties inégales et passe par les lettres L, V et N.

Origine inconnue.

Se trouve à la droite de la précédente, la neuvième de la rangée.

Société archéologique de Constantine, 1890-1891, vol. 26e, p. 440, n° 30 (Vars).

—

NOTES :

N° 59

Dis Manibus Antonina Roma....

Au-dessus de l'inscription, un croissant presque fermé. Les lettres sont d'un trait large et d'un dessin peu habile. Les caractères de la dernière ligne sont raccourcis, comme faute de place. Hauteur des lettres : 0m045.

Pierre carrée, de 0m35 de côté, mal taillée et écornée à l'angle supérieur de droite.

Origine inconnue.

Se trouve à la droite de la précédente, la dixième de la rangée.

Société archéologique de Constantine, 1890-1891, vol. 26e, p. 441, n° 31 (Vars).

Observations : — « Le prœnomen Antonina n'existe pas dans les inscriptions africaines. Notre inscription en est le premier exemple. » (Vars).

—

Notes :

N° 60

Nilam... ma M(arci) F(ilia) V(ixit) A(nnis) LXX... H(ic) S(ita) E(st).

Au-dessus de l'inscription, un beau croissant.

Assez beaux caractères, de 0m075. Le jambage de l'L, à la 1re ligne, est oblique et part du premier tiers du trait vertical.

Stèle arrondie au sommet, en calcaire gris veiné de rouge. La partie droite a été enlevée par une cassure, qui a emporté la corne du croissant, les dernières lettres de la première ligne et l'A de la 2e ligne. Hauteur, 0m73 ; largeur, 0m48 ; épaisseur, 0m27.

Se trouve à la droite de la précédente, la onzième et dernière de la rangée ; elle est couchée sur le côté gauche et noyée dans la maçonnerie.

Société archéologique de Constantine, 1890-1891, vol. 26e, p. 441, n° 32 (Vars).

—

NOTES :

51
52
53
54
55
56
57
58
59
60
D M
IVLIA L·FIL
MARTA VA
A·P·C
D M
C IVLIVS
OT B Q
NILAM
MAM·F·V
LXX·H

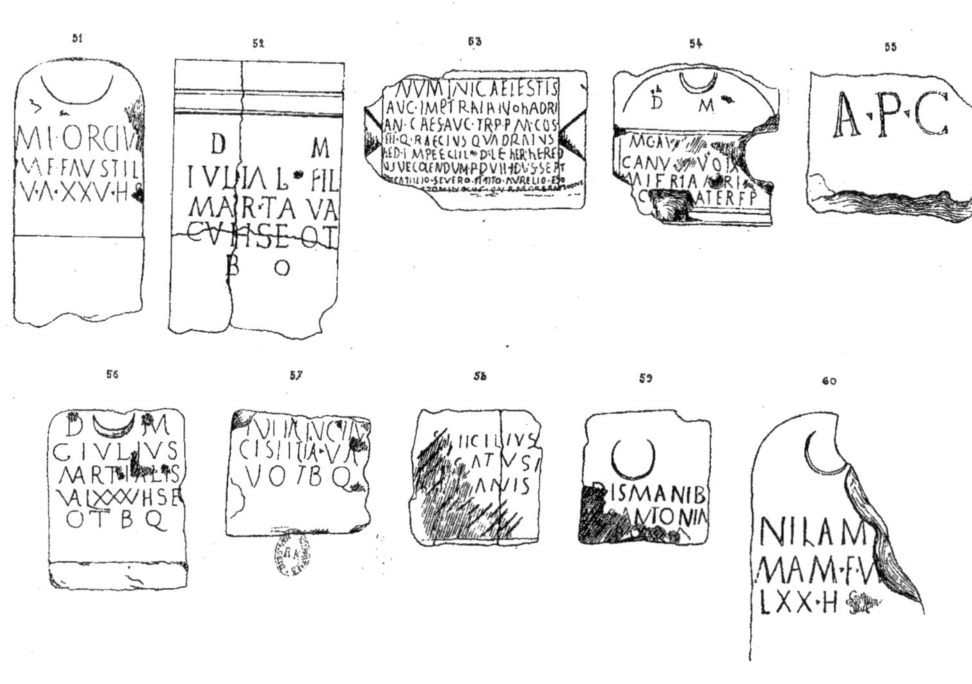

Pl. VI

N° 61

D(is) M(anibus) Vibia Procla... Vi(xit) An(nis) XL (Hic) S(ita) E(st).

Un croissant au-dessus de l'inscription, entre la lettre D et M.

Caractères médiocres, de $0^{m}030$ de haut. Le trait horizontal de l'L, à la 3e ligne, est oblique et part du milieu du trait vertical.

L'inscription, gravée sur une pierre de calcaire gris veiné de rouge, est enfermée dans un panneau creux de $0^{m}18$ sur $0^{m}12$, surmonté d'un autre panneau en forme de demi-cercle, qui renferme le croissant et les lettres D M. Hauteur totale : environ $0^{m}32$; largeur, $0^{m}22$.

Origine inconnue.

Se trouve au village français de Mila, maison Mounier, encastrée dans le mur de la cour, près de la porte charretière, façade extérieure.

—

NOTES :

N° 62

D(is) M(anibus) Vibia Felicitas V(ixit) A(nnis) XVI H(ic) S(ita) E(st).

Un croissant au-dessus l'inscription, entre les lettres D M.

Mêmes forme de lettres que l'inscription précédente. L'L est régulière, le 2e A n'est pas barré. Hauteur : 0m003 à 0m035.

Même forme de panneaux que l'inscription précédente : ces deux textes sont gravés sur une même pierre divisée en deux parties semblable accôtées. Les épitaphes sont donc certainement celles de deux membres de la même famille. Dans la dernière (n° 62), une cassure a emporté l'angle inférieur droit à partir de la moitié du T... Largeur totale des deux parties : 0m45.

Se trouve actuellement au même lieu que la précédente.

Notes :

N° 63

S.... Octavius Aquila Vixit Annos (sic) *ILXXI.*

Beau croissant au-dessus de l'inscription.

Les lettres sont assez belles, régulières, larges et bien gravées, mais peu classiques ; hauteur, 0^m060. Les A ne sont pas barrés et le premier a le jambage droit prolongé au-dessus de la ligne.

La pierre a 1^m05 sur 0^m44. Elle est en calcaire rouge, fruste à l'angle supérieur gauche et brisée (à hauteur de l'inscription) le long de l'arête latérale gauche.

Se trouve au village français de Mila, maison Lucet, dans un hangar. Est encastrée dans la maçonnerie du mur mitoyen de la maison Roques, à 3^m70 au-dessus du sol, couchée sur le côté gauche.

Trouvée en 1891 par MM. Ponté et Jacquot.

Société archéologique de Constantine, 1890-1891, vol. 26e, p. 439, n° 27 (Vars).

—

NOTES :

N° 64

Memoriæ...

Grandes lettres de 0m115, d'un travail assez soigné. Le premier caractère est, sans aucun doute, le dernier jambage d'un M. Ligature de RI.

Pierre de grand appareil, en calcaire gris-bleu, de 0m35 de hauteur sur 0m65 de largeur et 0m60 d'épaisseur. Une cassure a emporté l'angle supérieur gauche au ras du caractère que nous avons représenté par un M.

Trouvée au village français de Mila, derrière la maison Roques, au milieu de fondations importantes qui ont dû appartenir à une assez vaste habitation romaine.

Découverte par M. Ponté, en 1893.

A été laissée sur place.

Inédite.

Le dessin (n° 64, pl. VII) a été fait d'après les documents fournis par M. Ponté.

—

NOTES :

N° 65

N° 66

D(is) M(anibus) S(acrum) Q(uintus) Fabiu(s) Tannon(i)anus V(ixit) A(nnis) XXXV... H(ic) S(itus E(st).

Très belles lettres de 0m045 (0m040 à la 5e ligne), dessinées et gravées avec un grand soin. La forme en est absolument pure. L'A de la 5e ligne n'est pas barré. L'inscription est malheureusement fruste et recouverte d'une couche de lait de chaux.

Stèle en forme de dé d'autel, avec corniche et soubassement. Hauteur du fût, 0m67 ; largeur, 0m40. L'arête de droite a souffert.

Se trouve à la Casbah de Mila, dans l'ancienne Mosquée, dont elle soutient l'un des piliers. Les tirailleurs indigènes ont l'habitude de faire des prières devant cette colonne, qui passe, dans la tradition locale, pour recouvrir la tombe d'un grand marabout.

Société archéologique de Constantine, 1879-1880, vol. 20e, p. 37, n°... (Reboud et Goyt) ;

Corpus Inscriptionum latinarum, vol. VIII, p. 702, n° 8221 ;

Rénier, *Inscriptions latines de l'Algérie,* n° 2312, p. 274.

—

NOTES :

N° 67

Ex Auctoritate Imp(eratoris) Caes(aris) T(iti) Aeli(i) Hadrian(i) Antonini Aug(usti) Pii P(atris) P(atriæ) Via A Milevitanis Munita Ex Indulgentia Ejus De Vectigali Rotari(um) II.

« Décret de l'Empereur César, Titus Aelius Hadrien, Antonin Auguste, pieux, père de la patrie. Route faite par les habitants de Mila, sur l'impôt du roulage, avec l'autorisation de l'Empereur, 2 milles. »

Lettres de 0m045 à 0m060, d'un dessin passable, mais d'une gravure incorrecte ; elles sont négligemment alignées.

Borne de forme cylindrique, recouverte de lait de chaux. Diamètre, . . .

Se trouve à la Casbah de Mila, dans l'ancienne Mosquée, et fait partie de la dernière colonne de gauche du magasin des accessoires de tir.

Société archéologique de Constantine, 1868, vol. 12e, p. 396, n° 2 (Cherbonneau) ;

Inscriptions romaines de l'Algérie, par Rénier, n° 2300.

Observations : — « A remarquer cet impôt sur le roulage : *Vectigal rotarium.* »

—

Notes :

N° 68

D(is) M(anibus) L(ucius) Cassius ....ius L(ucii) F(ilius) Q(uirina tribu) .....nus Vi(xit) (An)n(is)...... L(ucius) Tannonius (Cr)e(scen)s Fil(io) (Obsequen)ti(ssi)m(o) Ar... (Co)n(se)cra(vit) V(ixit Annis).....

Les lettres sont ordinaires, bien alignées, petites (0^m025) et très frustes.

Dé d'autel avec une jolie corniche ; cassure au haut de l'arête latérale gauche. Hauteur, ... ; largeur du fût, 0^m36.

Se trouve dans le mur extérieur de la Casbah de Mila, près de l'ancienne entrée, sur la ruelle qui conduit à la Porte Sud de la ville ; le pied du fût est enterré dans le sol.

Société archéologique de Constantine, 1879-1880, vol. 20e, p. 37, n° ... (Reboud et Goyt) ;

Corpus Inscriptionum latinarum, vol. VIII, p. 702, n° 8218;

Rénier, *Inscriptions romaines de l'Algérie*, n° 2311, p. 274;

Delamarre, planche 112.

Notes :

N° 69

Aug(usto Sacrum) C(aius) Ferrius Viator V(otum) S(olvit) L(ibens) A(nimo) Curatoribus Filis.

Lettres inhabiles, mal alignées et irrégulières. Hauteur, 0m035 en moyenne. L'inscription est bien conservée.

Pierre taillée en moellon. Les arêtes sont frustes ; une cassure a emporté le tiers supérieur de AVG. Tuf dur ; hauteur, 0m34 ; largeur, 0m32.

Se trouve dans la même ruelle que la précédente, mais du côté opposé (à l'Est), dans le mur du jardin du Cadi et à 34 mètres de la place.

Société archéologique de Constantine, 1879-1880, vol. 20e, p. 37, n° ... (Reboud et Goyt) ;

Corpus Inscriptionum latinarum, vol. VIII, p. 701, n° 8204;

Rénier, *Inscriptions romaines de l'Algérie*, n° 2306 ;

Delamarre, planche 112.

—

NOTES :

N° 70

(Dianæ Augustæ) Anita Novella (S)o(mno) Adm(o)n(it)a... — Corpus.

Caractères grêles et irréguliers, absolument frustes. Hauteur, 0m050 et 0m040.

Pierre en calcaire jaunâtre, usée par le temps et écornée. Largeur, 0m43 ; épaisseur, 0m32.

Se trouve dans la même ruelle que la précédente et dans le même mur, forme le seuil de la porte du jardin du Cadi et borde le ruisseau. Le pied est enterré.

Société archéologique de Constantine, 1868, vol. 12e, p. 396, n°... (Cherbonneau) ;

Corpus Inscriptionum latinarum, p. 701, n° 8201.

Rénier, *Inscriptions romaines de l'Algérie*, n° 2305, p. 273 ;

Observations : — « L'inscription ci-dessus est une inscription votive « ayant trait, dit M. Cherbonneau, à la superstition des anciens et dédiée à Diane par une certaine Anitia Novella, qui avait reçu un avertissement en songe. »

—

Notes :

PL. VII

61 62 63

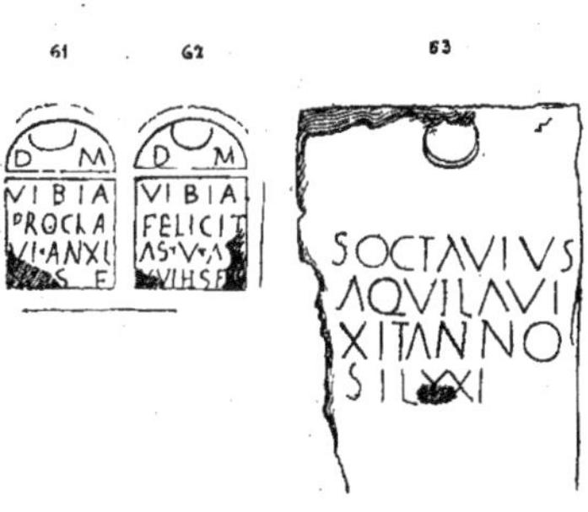

66

D M S
QFABIV
IANNION
ANVS
VAXXXV
H·S·E

67

EXAVCTORITATE
IMP.CAI AELIIIA
DRIAN NIONINI
AVGPIIP PVIAAMIIL
VIIANISMVNITAEX
INDVIGENTIAEIVS DI
VICTIGALIIROTARI

68

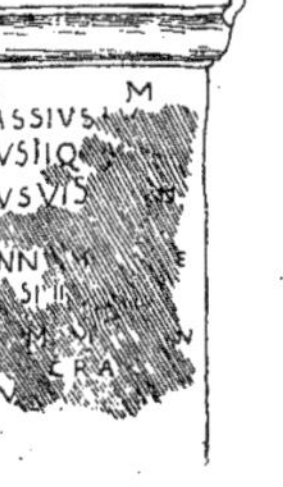

69

AVG SACR
GFERRIVS
VIATOR
V·S·L·A
CVRATORI
BVSFILIS

70

MNI OVEL
O ADM

N° 71

D(is) M(anibus) Q(uintus) Domitius C(aïi) Fil(ius) Quir(ina tribu) Maximus V(ixit) A(nnis) L... H(ic) S(itus) E(st) O(ssa) T(ua) B(ene) Q(uiescant).

Très belles lettres de 0m045, de type absolument classique et très soigneusement gravées. Les intervalles sont tout particulièrement respectés. Ligatures de TI à la 2e ligne, de IF et de IR à la 3e ligne.

Joli dé d'autel avec corniche et fronton ornementé. Cette pierre, en calcaire blanc, est brisée au-dessous de OTBQ. Hauteur totale du fragment, 0m63; largeur du fût, 0m35.

Se trouve au Vieux-Mila, ruelle Ben Merzoug, maison Hadj Mouloud Messiouda, dans la cour; forme le pied d'un pilier, à droite en entrant, et est placée la tête en bas.

Découverte par MM. Ponté et Jacquot, en 1891.

Société archéologique de Constantine, 1890-1891, vol. 26e, p. 435, n° 21 (Vars).

—

NOTES :

N° 72

Julia cas...

Au-dessus de l'inscription, un croissant grossièrement dessiné.

Caractères de 0m040 à 0m050, très médiocres de dessin et frustes.

Fragment en calcaire jaunâtre, très endommagé. Les angles supérieur et inférieur droits ont été emportés. Hauteur, 0m45 ; largeur, 0m42.

Se trouve au même lieu que la précédente, dans le dallage de la cour (dans la partie diagonalement opposée à l'entrée).

Découverte en 1891 par MM. Ponté et Jacquot.

Inédite.

NOTES :

N° 73

D(is) M(anibus) Sittia Q(uinti) Fil(ia) Q(uirina tribu) Fortunata V(ixit) A(nnis) XXX... H(ic) S(ita) E(st).

Lettres de 0^m050 et 0^m045, très correctes de forme. La queue des Q se prolonge élégamment au-dessous de la ligne. L'N est un peu large. Les intervalles sont respectés.

Dé d'autel en calcaire d'un blanc sale, assez fruste, avec corniche et base. Hauteur totale, 0^m60; largeur du dé, 0^m39; sa hauteur, 0^m38. Au-dessus de la corniche, le pied d'une colonne (avec ses moulures) est resté scellé sur son soubassement. Diamètre de la colonne, 0^m30.

Se trouve au Vieux-Mila, maison Dar ben Ali Hassin, près de la place Ouled Kara Mustefa, à l'entrée de la cour et à gauche; forme le pied d'un pilier en maçonnerie.

Découverte en 1892 par le Lieutenant Jean.

Inédite.

—

Notes :

N° 74

Gen(io) Col(oniæ) Mil(evitanæ) Ex Testamento P(ublii) Siti(i) Adju(toris) Aug(uris) int(egris) II. M. N(ummis) curante Sittia Vitale fil(ià)... — Demaeght.

L'inscription date vraisemblablement de l'époque Byzantine; la forme des L, dont le trait horizontal est oblique, et celle du dernier caractère, un H, dont la barre descend de droite à gauche, l'indiquent suffisamment.

Cette dédicace a été évidemment soignée; les lettres ont environ 0m035.

Pierre très fruste, en calcaire d'un gris jaunâtre. Hauteur, 1m03; largeur, 0m46.

Se trouve au Vieux-Mila, impasse Tlettassiouda, contre la mosquée de ce nom. Elle est placée la tête en bas, dans la maçonnerie extérieure.

Société archéologique de Constantine, 1868, vol. 12e, p. 895, n° 1 (Cherbonneau).

Corpus Inscriptionum latinarum, vol. VIII, p. 701, n° 8201.

Rénier, *Inscriptions romaines de l'Algérie*, n° 2304, p. 273.

—

Notes :

N° 75

... *ROVIDE*...

Caractères très grossiers, de 0m14 de hauteur. Le D est particulièrement mauvais, pointu dans le haut. Le tiers supérieur de la 1re ligne et les deux tiers inférieurs de la 3e ligne ont disparus.

Débris excessivement endommagé, de 0m41 sur 0m34, en calcaire gris-bleu.

Se trouve au fond de l'impasse Tlettassiouda, au Vieux-Mila, maison Ben Dihili ; forme une des marches de l'escalier de gauche, dans la cour intérieure.

Découverte en 1891 par MM. Ponté et Jacquot.

Inédite.

NOTES :

N° 76

***

Beaux caractères de 0m06, mais frustes.

Fragment en calcaire rouge, de 0m020 sur 0m013, couché sur le côté gauche.

Se trouve au Vieux-Mila, non loin de la grande place, dans la rue Ben-Chir-Tounsi, maison Bel-Ferdi (dans le mur Nord, à 1m00 du sol).

Découverte en 1893 par M. Ponté.

Inédite.

—

NOTES :

N° 77

*** VINIVI ...

Très beaux caractères de 0^m10 de hauteur.

Longue dalle en calcaire rouge, de 1^m55 de longueur, sur 0^m50 de largeur et 0^m23 d'épaisseur. L'inscription est sur l'épaisseur. La pierre est fruste et une cassure a enlevé le bas des deux premières lettres. La dernière lettre atteint presque l'angle de droite de la pierre, alors que la première lettre commence seulement à la moitié.

Se trouve au Vieux-Mila, maison Bel Hadj Bou Cherit, non loin de la grande place, dans la cour; forme la première marche d'un escalier, à gauche.

Découverte en 1892 par MM. Ponté et Jacquot.

Inédite.

—

NOTES :

N° 78

D(is) M(anibus) Sittia Q(uinti) F(ilia) Quæ Fu(it) Quond(am) M.....

Nous n'avons pas osé tenter la restitution du surplus du texte.

Belles lettres de 0m035, d'une gravure soignée. Toute la partie droite a été enlevée par une cassure superficielle. Ligatures nombreuses : à la 2e ligne, T et I ; à la 3e, V et A ; à la 4e, N et D ; à la 5e, M et P ; à la 6e, S et T.

Belle stèle en calcaire gris, très endommagée. Hauteur avec les plinthes supérieure et inférieure, 0m95 ; largeur, 0m42.

Se trouve au Vieux-Mila, dans le jardin Abd-el-Maazid, derrière la mosquée Abderrhaman, auprès de la muraille d'enceinte.

Découverte en 1891 par MM. Ponté et Jacquot.

Société archéologique de Constantine, 1890-1891, vol. 26e, p. 437, n° 24 (Vars).

—

Notes :

N° 79

*****

Lettres de 0^m060.

Débris de 0^m13 sur 0^m28, en pierre blanche (calcaire?).

Se trouve au Vieux-Mila, rue de la Mahakma, maison Ben Tounsi, dans la cour, à 0^m80 du sol, encastrée dans le mur du côté nord.

Découverte en 1891 par MM. Ponté et Jacquot.

Inédite.

—

Notes :

N° 80

D(is) M(anibus) Clodia...... V(ixit) A(nnis) C.

Au-dessus de l'inscription, un croissant.

Lettres de 0m050 (1re ligne), 0m055 (2e ligne) et 0m040 (3e ligne). Sauf l'I, qui penche à gauche, les caractères sont beaux et les intervalles sont respectés. L'L qui est entre le croissant et les lettres DM paraît avoir été ajouté après coup, ainsi que le C qui termine le texte. Peut-être devrait-on lire : « *L(ucia) Clodia, etc.* » ?

Fragment rectangulaire, fruste, avec un trait courbé simulant un sommet arrondi. Cassure à l'angle supérieur droit et aux angles inférieurs. Hauteur, 0m41 ; largeur, 0m48. Calcaire blanchâtre.

Se trouve au même lieu que la précédente, dans le dallage d'un appentis servant de cuisine, à gauche en entrant dans la cour.

Découverte en 1891 par MM. Ponté et Jacquot.

Inédite.

NOTES :

PL. VIII

71
D M
Q DOMIT
MAXIMVS
72
IVLIA CAS
73
D M
H · S · E
74
GEN · COL MIL
75
ROVIDE
76
77
78
· D · M ·
79
80
CLODIA

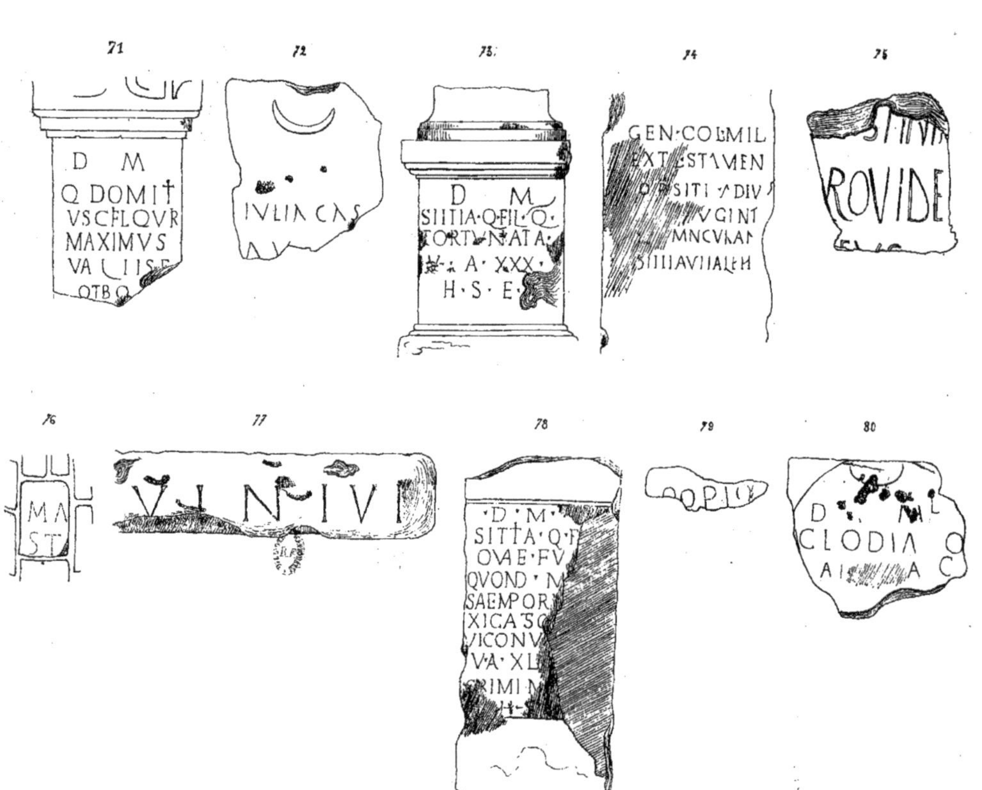

N° 81

Juliu(s) Crescens V(ixit) A(nnis) LL... H(ic) S(itus) E(st) S(a)lvili(us?)

Au-dessus de l'inscription, un croissant très grossièrement dessiné.

Lettres d'un mauvais dessin, inégales et quelquefois penchées ; les L ont la forme du lambda grec. Hauteur moyenne. 0m045.

Pierre maladroitement taillée, en calcaire poli, de 0m48 sur 0m32, très fruste. Cassure à l'angle supérieur de droite.

Se trouve au Vieux-Mila, autre maison Ben-Tounsi (même rue), dans la cour.

Découverte en 1891 par MM. Ponté et Jacquot.

Inédite.

—

NOTES :

N° 82

Le texte ne peut être restitué.

Les lettres, hautes de 0m055, sont très belles et d'un excellent ouvrier. Les A ne sont pas barrés. A la 2e ligne, ligature de RI.

Fragment en calcaire blanc, de 0m14, sur 0m64, brisé au ras de la première ligne et sur les côtés, montrant encore (au-dessous de la deuxième ligne) deux rangs de moulures.

Se trouve au Vieux-Mila, maison Farats ben Tounsi, rue de la Mahakma ; forme seuil de porte à l'entrée de la cour.

Société archéologique de Constantine, 1879-1880, vol. 20e, p. 38, n° 55 (Reboud et Goyt).

—

NOTES :

N° 83

*****

Lecture impossible.

Très mauvaises lettres, grêles, inégales et mal formées, de 0m055 à 0m080. La première lettre de la 3e ligne a la forme d'un Y dont les branches seraient réduites, ou mieux d'un T dont les deux barres supérieures seraient relevées obliquement. Dans cette même ligne le D est orné d'un trait qui semble en faire une double lettre : ED ou DE.

L'inscription est fruste ; elle est gravée sur une colonne en calcaire noirâtre très endommagée, blanchie à la chaux.

Se trouve dans la même maison que l'inscription précédente, à mi-hauteur d'un pilier de la cour, en face de la précédente.

Découverte en 1891 par MM. Ponté et Jacquot.

Inédite.

NOTES :

No 84

L... Vitalus (Vixit Annis) LXXXV... H(ic) S(itus) E(st).

Inscription très fruste, composée de lettres grêles et irrégulières, haute de 0m040 à 0m060.

Pierre tombale en calcaire d'un blanc sale, à sommet vaguement arrondi. Hauteur, 0m70 ; largeur, 0m45 ; épaisseur, 0m11.

Se trouve dans la même maison que la précédente, au fond de la galerie à colonnade, à droite, et forme le seuil d'un magasin obscur.

Découverte en 1891 par MM. Ponté et Jacquot.

Inédite.

NOTES :

N° 85

...*H(ic) S(itus) E(st) O(ssa) T(ua) B(ene) Q(uiescant).*

Lettres d'une forme médiocre, de $0^{m}050$ de hauteur.

Partie inférieure d'un dé d'autel en calcaire blanc, avec sa base. Dimensions du fût : hauteur, $0^{m}20$; largeur, $0^{m}28$; de la base : hauteur, $0^{m}16$; largeur, $0^{m}48$.

Se trouve au Vieux-Mila, rue de la Mahakma, à l'entrée d'une impasse (à gauche en quittant la place). Est adossé, la tête en bas — à droite de l'impasse — contre le mur d'un jardin ; sert de banc.

Découvert en 1890 par MM. Ponté et Jacquot.

Société archéologique de Constantine, 1890-1891, vol. 26e, p. 436, n° 23 (Vars).

—

Notes :

N° 86

(Dis) M(anibus) (Aemi)lia.....

Très belles lettres de 0m060, peut-être un peu grêles, mais cependant d'un dessin classique. Les Λ ne sont pas barrés.

Stèle en calcaire blanc, fruste, avec corniche. Les dimensions n'ont pas pu être prises, la pierre étant en partie enterrée.

Se trouve au Vieux-Mila, devant la Mahakma, posée de champ devant une petite porte réservée, à laquelle elle sert de seuil.

Corpus Inscriptionum latinarum, vol, VIII, p. 701, n° 8236.

NOTES :

N° 87

D(is) M(anibus) S...... V(ixit Annis) LXV.

Caractères de 0^m070 à la 1re ligne et de 0^m060 aux lignes suivantes. Les lettres sont inégales, maladroites.

Pierre en calcaire d'un gris jaunâtre, de 0^m64 sur 0^m39. Semble avoir eu la forme d'un dé d'autel. Cette stèle est tout à fait fruste et l'inscription, à part la première et la dernière lettre de chaque ligne, est absolument illisible.

Se trouve au Vieux-Mila, devant la porte principale de la Mahakma, et dans le dallage de la rue.

Inédite.

—

NOTES :

N° 88

D(is) M(anibus) O.....? Mu...? Crescens V(ixit) A(nn's) LXXV.

Le Corpus lit comme âge : XXV, et voit un Q au lieu d'un O, à la 2e ligne. Le lieutenant Walter sépare l'M du V, à la 2e ligne.

Lettres inhabiles, de 0m060, 0m040, 0m050, etc. L'A n'est pas barré et les jambages de l'M se prolongent au-dessus de la lettre.

Cube de calcaire jaunâtre, de 0m27 sur 0m23, écorné sur la droite.

Se trouve au Vieux-Mila, dans la cour de la Mahakma, devant la petite terrasse qui s'étend sous les fenêtres des bureaux.

Société archéologique de Constantine, 1875, vol. 17e, p. 346, n° 4 (Costa et Walter).

Corpus Inscriptionum latinarum, vol. VIII, p. 703, n° 8230.

Notes :

N° 89

CIT...?

Très grandes lettres de 0^m15, d'un dessin médiocre. Le trait vertical de la première lettre ayant été enlevé, on ne peut savoir s'il s'agit d'un F ou d'un E. Nous penchons pour un E : FECIT.

Morceau de calcaire rouge de 0^m30 sur 0^m38, brisé aux deux angles inférieurs.

Se trouve au Vieux-Mila, rue de la Mosquée, devant le café maure de la maison Ben-Touka, dans la maçonnerie du seuil surélevé, à plat.

Découverte en 1891 par MM. Ponté et Jacquot.

Inédite.

NOTES :

N° 90

(Dis) M(anibus) Sac(rum) Extrica(tus) Quir(ina tribu)... ... Vixit C V.

Le Corpus lit ainsi :

D. M. S. Misinius Extricatus Quirina tribu. Vixit C.

Les lettres sont frustes, hautes de 0m045 et 0m060, inégales de forme et d'une gravure maladroite. Les A ne sont pas barrés.

Bloc de calcaire rougeâtre, de 0m35 sur 0m37. Toute la partie gauche de l'inscription a disparu sous une couche de ciment.

Origine inconnue.

Se trouve au Vieux-Mila, rue des Tanneurs, et sert de banc à l'entrée de la petite mosquée de Sidi-Azouaou.

Société archéologique de Constantine, 1876-1877, vol. 18e, p. 522, n° 26 (Poulle) ;

Corpus Inscriptionum latinarum, vol. VIII, p. 702, n° 8229 ;

Rénier, *Inscriptions romaines de l'Algérie,* n° 2315.

Observations : — « Il nous semble difficile que l'inscription signalée par le Corpus et par M. Poulle, ne soit pas la même que l'inscription ci-dessus. Mais M. Poulle a négligé la lecture de la 4e ligne, ce qui pourrait faire croire à l'existence d'une autre inscription à peu près identique à celle-ci. »

—

Notes :

PL. IX

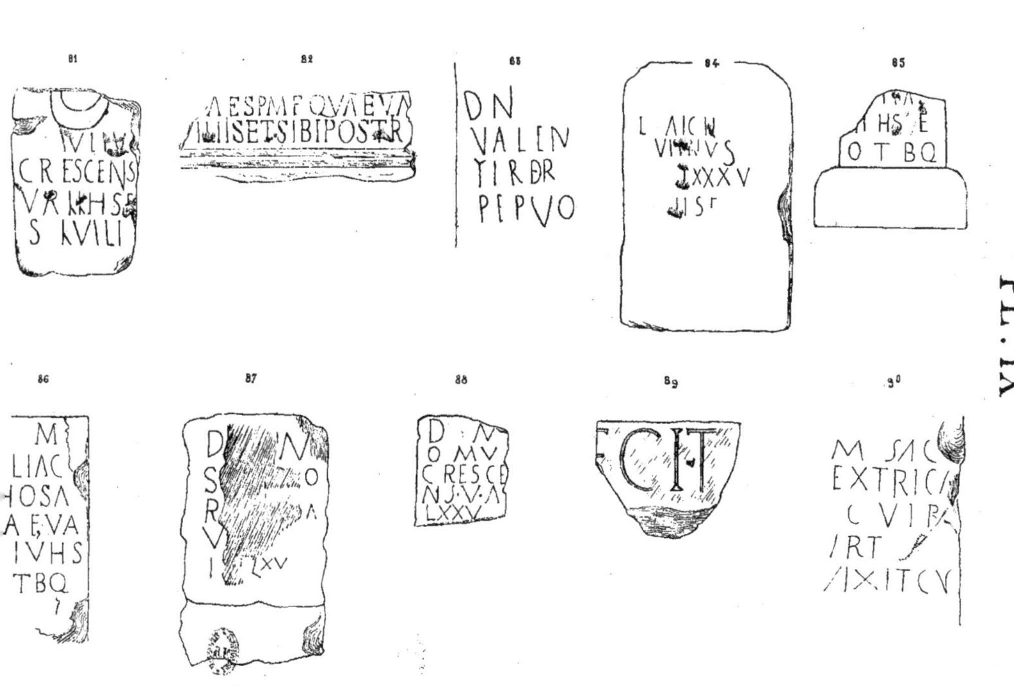

N° 91

..... *V(ixit) A(nnis) L... H(ic) S(itus) E(st).*

Lettres irrégulières de 0m035, grêles et frustes. Les jambages des caractères ont une tendance à s'allonger. L'A n'est pas barré.

Dalle en calcaire gris, portant dans sa partie supérieure un panneau de 0m23 sur 0m28. Hauteur totale, 0m63 ; largeur, 0m35 ; épaisseur, 0m18.

Se trouve au Vieux-Mila, rue des Tanneurs, maison Ben Tounsi, dans le corridor d'entrée, à gauche et sous les arcades.

Découverte en 1891 par MM. Ponté et Jacquot.

Inédite.

NOTES :

N° 92

Pia Matrona V(ixit) A(nnis) LX... H(ic) S(ita) O(ssa) T(ua) B(ene) Q(uiescant).

Lettres médiocres, de 0m060. Le 1er et le 3e A ne sont pas barrés.

Pierre en calcaire jauni, de 0m96. Hauteur du fût, 0m54 ; largeur, 0m32 ; épaisseur, 0m38.

Se trouve dans la même cour que la précédente, au bas d'un pilier de la galerie, à gauche.

Société archéologique de Constantine, 1875, vol 17e, p. 346, n° 8 (Costa et Walter).

Corpus Inscriptionum latinarum, p. 703, n° 8236.

—

NOTES :

N° 93

D(is) M(anibus) S(acrum) Q(uintus) Cæcilius Felicio V(ixit) A(nnis) XXXXI... H(ic) T(ua) B(ene) Q(uiescant).

Au-dessus du texte, un croissant largement ouvert.

Inscription maladroite. Les lettres sont inégales, penchées et mal dessinées. Hauteur, 0m055.

Pierre rectangulaire, de 0m62 sur 0m40, en calcaire blanchâtre, endommagée dans le bas.

Se trouve dans la même maison que la précédente et dans la cour, parmi les pavés du côté gauche.

Société archéologique de Constantine, 1875, vol. 17e, p. 346, n° 2 (Walter et Costa).

—

NOTES :

N° 94

D(is) M(anibus) Si(ttia?) .....ta V(ixit) II.

Au-dessus de l'inscription, un croissant.

Lettres d'un mauvais dessin et d'une gravure très maladroite. L'inscription est absolument fruste. Les caractères ont 0m060 aux deux premières lignes et 0m045 à la 3e ligne.

Pierre de 0m40 sur 0m35, en calcaire gris, veiné de rouge ; la partie droite est brisée.

Se trouve dans la même cour que la précédente, sous le hangar du fond, auprès des marches d'un logement.

Découverte en 1891 par MM. Ponté et Jacquot.

Inédite.

NOTES :

N° 95

Imp(eratori) Cæs(ari) Pontifici M(aximo) Trib(unicæ) Pot(estatis) Co(n)s(ul).

Lettres un peu grêles, mais bien formées, de 0m065 à la 1re ligne, 0m055 à la 2e et 0m045 à la 3e.

Fragment de colonne en calcaire d'un jaune foncé, poli. Entre la 1re et la 2e ligne semble exister un martelage ; en tout cas, il y a trois tores légèrement en saillie. Hauteur du fragment, 0m40 ; diamètre, 0m37.

Se trouve au Vieux-Mila, rue des Tanneurs, auprès de la porte de la maison Mohamed ben Hassen, dans une colonne d'angle, la tête en bas.

Corpus Inscriptionum latinarum, vol. VIII, p. 701, n° 8206.

Rénier, *Inscriptions romaines de l'Algérie,* n° 2302, p. 273.

—

NOTES :

N° 96

D(is) M(anibus) Juliæ Satuliæ V(ixit) A(nnis) XXII... H(ic) S(ita) O(ssa) T(ua) B(ene) Q(uiescant).

Mauvais caractères de 0m030, grêles, et de la basse époque ; les A ne sont pas barrés, le jambage droit du 2e et du 4e dépasse le sommet de la lettre ; les caractères sont souvent penchés ; l'O de la dernière ligne a été ajouté après coup.

Stèle avec corniche et base ; hauteur totale, 0m95 ; du fût, 0m67 ; largeur, 0m37 ; épaisseur, 0m37. Nature de la pierre, calcaire gris.

Se trouve rue des Tanneurs, ancienne mosquée Sidi-Azouz, dans la cour, au pied d'un pilier de gauche.

Société archéologique de Constantine, 1875, vol. 17e, p. 346, n° 5 (Costa et Walter) ;

Corpus Inscriptionum latinarum, vol. VIII, p. 703, n° 8228 ;

Rénier, *Inscriptions romaines de l'Algérie*, n° 2313, p. 274.

NOTES :

N° 97

D(is) M(anibus) T(itus) Julius Vict(o)rinus Badeus (sic) *V(ixit) (Annis) LXV... H(ic) S(itus) E(st).*

Belles lettres, très-régulières et de la bonne époque. A la 3e ligne l'O a été oublié et il y a ligature des lettres R et I ; à la 5e ligne, XV sont également liés. Hauteur, 0m045.

Stèle en calcaire blanc, avec corniche et base ; elle est d'un beau travail, mais endommagée. Hauteur totale, 0m95 ; du fût, 0m49 ; largeur, 0m32 ; épaisseur, 0m35.

Se trouve au Vieux-Mila, rue des Tanneurs, maison du boucher Amor-ben-Abderrhaman, dans la cour et à la base d'un des piliers en face de l'entrée.

Découverte en 1891 par MM. Ponté et Jacquot.

Société archéologique de Constantine, 1890-91, vol. 26e, p. 436, n° 22 (Vars).

Observations : — « C'est la première fois que le nom de Badeus se rencontre en Afrique. » (Vars).

Notes :

N° 98

Malon? ou *Mapon?*

Belles lettres de 0m075. L'A n'est pas barré; les caractères sont simples, gravés d'un seul trait.

Pierre en calcaire bleu, d'une hauteur de... sur une largeur de 0m43. Un trait horizontal, tracé au-dessus de l'inscription, sépare celle-ci du reste de la pierre.

Se trouve au Vieux-Mila, rue des Tanneurs, au fond du cul-de-sac qui termine cette rue, dans la cour de la maison Boussouf; fait partie d'un pilier de droite.

A dû être trouvée sur place, car il existe d'autres débris de la même nature de pierre dans les décombres de la cour.

Découverte en 1891 par MM. Ponté et Jacquot.

Société archéologique de Constantine, 1890-91, vol. 26e, p. 434, n° 18 (Vars).

—

NOTES :

N° 99

(Dis) M(anibus) Claudius V(ixit) A(nnis) LXXX....
H(ic) S(itus) E(st).

Caractères de 0m05, bien gravés, mais mal dessinés.

Dé d'autel avec corniche et base, en calcaire gris, d'une hauteur totale de 1 mètre; hauteur du fût, 0m50; largeur, 0m35; épaisseur, 0m35. L'angle supérieur gauche a été emporté par une cassure, ainsi que les deux angles du soubassement. L'inscription est un peu fruste.

Se trouve au Vieux-Mila, même rue que les précédentes, maison Dar ben Haïoui, dans la cour intérieure. Fait partie d'un pilier de porte, à l'entrée d'un appartement, sous les arcades.

Découverte en 1893 par M. Ponté, dont les documents nous ont servi à exécuter notre dessin.

NOTES :

N° 100

(Dis) M(anibus) S(acrum) Œmilia pia... V(ixit A(nnis) XV... O(ssa) T(ua) B(ene) Q(uiescant).

Lettres de 0m030 à 0m040. L'haste de l'A se prolonge au-dessus de la ligne. Les caractères sont mauvais.

Pierre en calcaire gris, de 0m71 sur 0m37 ; épaisseur, 0m27 ; les angles de gauche ont été emportés ; l'inscription n'occupe que la partie supérieure.

Se trouve au Vieux-Mila, rue des Tanneurs, ancienne maison Ben Zernadji, aujourd'hui à Boussouf. Forme le montant de la porte d'une écurie, sous les arcades du fond de la cour.

Découverte en 1893 par M. Ponté, dont les documents nous ont servi à exécuter notre dessin.

—

NOTES :

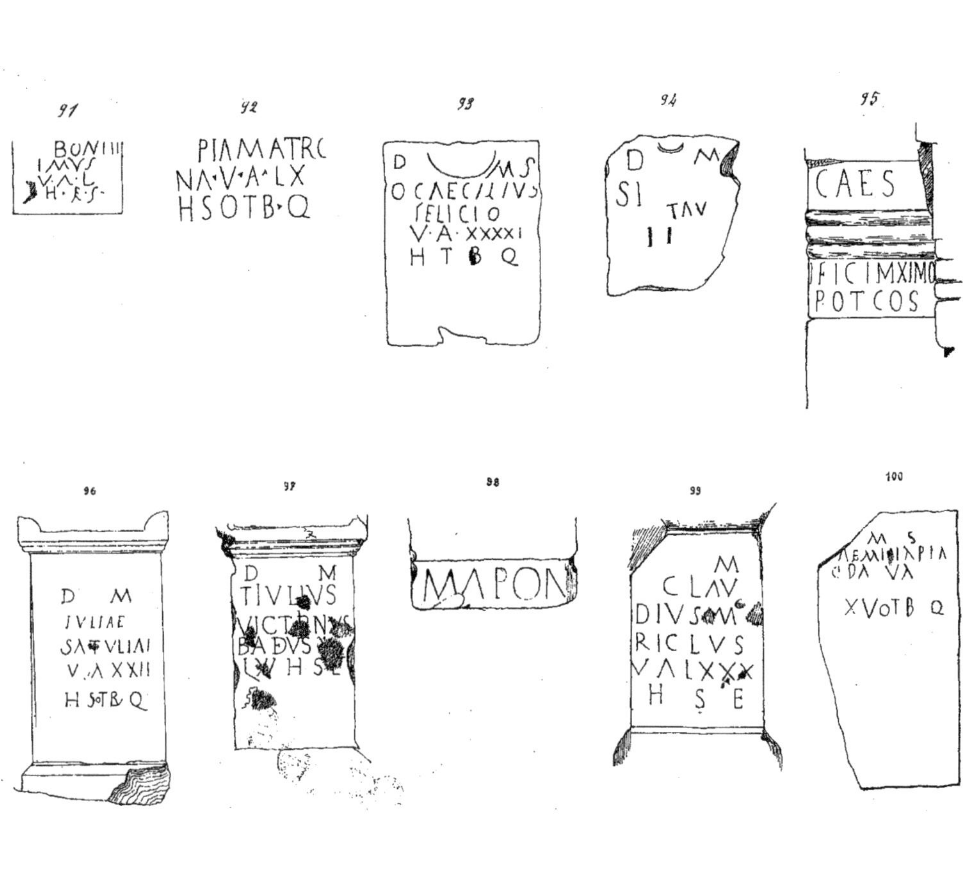
91
BONIIII
IMVS
V.A.L
H.S.S.
92
PIAMATRC
NA.V.A.LX
HSOTB.Q
93
D MS
O CAECILIVS
FELICIO
V.A.XXXXI
H T B Q
94
D M
SI
TAV
II
95
CAES
FICIMXIMO
POTCOS
96
D M
IVLIAE
SATVLIAI
V.A XXII
H SOTB Q
97
D M
TIVLIVS
VICTORNVS
BADVS
H S E
98
MAPON
99
M
C LAV
DIVS M
RICLVS
VALXXX
H S E
100
M S
XVOTB Q

N° 101

D(is) M(anibus) Exati.us Pis(t)orinus (Vixit) (Annis) LXXX.

Inscription très fruste, peu soignée. Les lettres ont 0m050 à la 1re ligne et 0m055 aux lignes suivantes. Elles sont bien alignées, mais irrégulières de forme. Les Λ ne sont pas barrés, le jambage antérieur des M et des N est penché.

Stèle avec restes de corniche et de base engagés dans la maçonnerie. Hauteur du fût, 0m80; largeur, 0m35, épaisseur, 0m40. Très endommagée.

Se trouve au Vieux-Mila, rue du Bain-Maure, maison dite Dar-Azzedinn, dans une tour du rempart byzantin, sur le sol.

Découverte en 1891 par MM. Ponté et Jacquot.

Société archéologique de Constantine, 1890-1891, vol. 26e, p. 436, n° 20 (Vars).

NOTES :

N° 102

D(is) M(anibus) Julia C(aii) F(ilia) Vitalis V(ixit) A(nnis) XXX... H(ic) S(ita) E(st).

Belles lettres de 0m035 à la 1re ligne et de 0m045 aux lignes suivantes ; la forme en est très correcte, les alignements et les intervalles sont respectés.

Stèle en calcaire blanc avec corniche, cassée au ras de la base, qui manque. L'arête droite a souffert à sa partie inférieure et l'angle a été endommagé. Hauteur totale, 0m72 ; du fût seul, 0m56 ; sa largeur, 0m36 ; son épaisseur, 0m33.

Se trouve au même lieu que la précédente et forme le pied du pilier central.

Société archéologique de Constantine, 1863, vol. 7e, p. 195.

—

NOTES :

N° 103

Q(uintus) Sexuarius Rocitis V(ixit) A(nnis) LXXXVI H(ic) S(itus) O(ssa) T(ua)...

Cette inscription est évidemment de la plus basse époque. Les A ne sont pas barrés et leur haste droite s'allonge au-dessus de la lettre ; le 2e V a ses jambages courbes ; bien des lettres sont penchées, les S sont allongés et minces. L'L de la quatrième ligne a son trait horizontal tourné à gauche. La première ligne est particulièrement mauvaise. Hauteur des lettres : 0m35 en moyenne ; à la 5e ligne : 0m50.

Bloc carré en tuf dur, de 30 cent. sur 33, coupé à moitié de la dernière ligne. L'angle inférieur droit a été emporté par une cassure.

Se trouve au Vieux-Mila, rue du Bain-Maure, maison Boussouf, au centre d'une marche de l'escalier de droite.

A été trouvée près du cimetière arabe.

Découverte en 1890 par MM. Ponté et Jacquot.

Inédite.

NOTES :

N° 104

***

Toute lecture est impossible.

Caractères très frustes, à peine apparents, hauts de 0^m035; leur forme en est très soignée. Les A ne sont pas barrés.

Débris de calcaire jaunâtre, entièrement endommagé. La partie supérieure de droite est seule à peu près conservée. Hauteur du morceau: 0^m30, largeur, 0^m37.

Se trouve au Vieux-Mila, rue principale ou du Fondouk, dans le bas de la maçonnerie d'un mur, à gauche en remontant la rue, non loin d'une petite place.

Découverte en 1891 par MM. Ponté et Jacquot.

Inédite.

—

Notes :

N° 105

M(atri) D(eum) M(agnæ) I(daæ) Sanctæ Sacrum Factum Pro Salute (Im)p(eratoris) Cæs(aris) M(arci) Aureli(i) S(everi) (Antonini) Pii Fel(icis) Aug(usti)..... (E)t Do(m)us Eor(um) Divinæ qu... Basilicus... Et Mnesius Criobolium Fecerunt Et Ipsi Susc(e)perunt Per C(aium) Aemilium Saturninum Sacerdotem Ex Vaticinatione Archigalli L(ocus) D(atus) D(ecreto) D(ecurionum).

« Sacrifice offert à la mère des dieux, Grande Idea sainte. Pour la santé de l'Empereur C. Marcus Aurélius Severus Antoninus, pieux, heureux, auguste, et de Septimius Géta, pieux, heureux, auguste et de leur maison divine... Basilicus.... et Mnésius ont offert et reçu eux-mêmes un criobole, par les soins de Caïus Aemilius Saturninus, prêtre, et conformément à l'avertissement de l'Archigalle. — L'emplacement a été donné par décret des Décurions. » (Poulle).

Les lettres sont d'un assez beau type. (M. Poulle attribue à l'inscription une date qu'il dit n'être pas postérieure à 212, année de la mort de Géta). Les lignes, au nombre de 14, vont en se serrant jusqu'à devenir d'une lecture difficile. Les caractères ont 0m030 à la 1re ligne et 0m015 seulement à la dernière. Quelques A ne paraissent pas avoir été barrés. Il y a ligature des lettres A et V à la 5e ligne, de [illegible] de V et I à la 7e ; de V et de N à la 10e ; de V et de N, de L et de I, de V et de M à la 11e. Martelage de la 6e ligne tout entière et du commencement des lignes 5 et 7.

Stèle en calcaire blanc poli, avec corniche et base. Hauteur du fût : 55 cent. ; largeur : 33 ; épaisseur : 0m30.

Se trouve au Vieux Mila, rue principale, dans l'ancien fondouk européen et au premier étage, dans la tour ; forme la base du pilier central ; la face est tournée au S.-O.

Société archéologique de Constantine, 1876-1877, vol. 18e, p. 519, no 28. (Poulle);

Corpus Inscriptionum latinarum, vol. VIII, p. 701, no 8203.

Observations : — « Les monuments lapidaires qui mentionnent des sacrifices de crioboles sont rares en Afrique. » (Poulle).

—

Notes :

N° 106

*** *Vindex...*

Caractères de 0m045, très frustes; la forme des lettres paraît bonne, mais la pointe inférieure de l'N a été trop prolongée.

Pierre en calcaire d'un blanc jaunâtre, foncé par le temps et par l'usure, haute de 0m79 et large de 0m34; endommagée.

Se trouve au Vieux-Mila, rue principale ou du Fondouk, près de la place de la Casba, au seuil de la maison Si Derradji ben Cheikh, à l'extérieur et formant marche.

Découverte en 1891 par MM. Ponté et Jacquot.

Inédite.

—

NOTES :

N° 107	N° 108
Cæci	*Q(uintus) Æm(i)*
liæ Q(uinti)	*lius (Marci)*
Fi(liæ) Maiæ	*F(ilius) Qui(rina)*
Marite	*Jucun*
Merenti	*dus*
V(ixit) A(nnis) XXXIX	*V(ixit) A(nnis)*
H(ic) S(ita) E(st) O(ssa)	*XVI*
T(ua) B(ene) Q(uiescant)	*H(ic) S(itus) E(st*
	O T B Q

Beaux caractères de 0m35 à 0m40, bien alignés et d'une forme classique. Les lettres M et A (3e ligne), N et I (5e ligne), V et A (6e ligne) sont liées. A la 4e ligne l'E a été ajouté après coup. Le premier A n'est pas barré. Le trait horizontal des L se relève en une courbe élégante.

Stèle en calcaire blanchâtre, avec corniche (ornée d'une sculpture) et base. Hauteur : 0m66 ; largeur, 0m41 ; épaisseur, 0m41. L'inscription est fruste ; la pierre est brisée de tous les côtés et l'arête droite a beaucoup souffert.

Les deux textes sont gravés sur la même pierre et aucun trait vertical ne les sépare.

Se trouvent au Vieux-Mila, place de la Casbah, ancienne maison Roques, aujourd'hui maison Monti, dans la cour, à mi-hauteur d'un pilier, face à l'Ouest.

Corpus Inscriptionum latinarum, vol. VIII, p. 702. n° 8217.

Rénier, *Inscriptions romaines de l'Algérie*, n° 2309, p. 274.

—

NOTES :

N° 109

D(is Manibus Sacrum) C(aius) M...s Op(timus)... V(ixit Annis)..... H(ic) S(itus) E(st).

Lettres inégales et en général assez mal alignées, quelquefois grêles. Hauteur moyenne : 0m06.

Pierre en calcaire gris, brisée dans le sens de la hauteur. Hauteur du fragment : 0m78 ; longueur, 0m25 ; épaisseur, 0m28.

Se trouve au Vieux-Mila, place de la Casba, ancien Hôtel de France (maison Roques), dans le mur qui regarde le S.-E. et à l'angle de la galerie (à 2m30 au-dessus du sol).

Origine inconnue.

Découverte en 1893 par M. Ponté, dont les documents nous ont servi à exécuter notre dessin.

Est-ce le n° 8235 du *Corpus* (vol. VIII) ?

—

NOTES :

N° 110

... *lius. F..... (Au)gustoru(m).*

Fragment d'une inscription qui devait occuper plusieurs autres pierres et dont toute la gauche a disparu.

Lettres de 0m66, d'une facture assez soignée.

L'inscription est gravée sur un bloc de calcaire gris mesurant 0m50 de côté sur 0m40 de hauteur.

Se trouve au Vieux-Mila, rue Sebarhin, devant la porte du cordonnier Sadock Zadri.

Origine inconnue.

Trouvée en 1894 par M. Ponté; le dessin que nous en donnons a été exécuté d'après les documents fournis par notre collaborateur.

Inédite.

—

NOTES :

101
102
D M
IVLIA C F
VITALIS
VA XXX
H S E
103
SEX VARIVS
104
105
M. D. M. I. SANCTAE
106
VINDEX
107
108
109
110

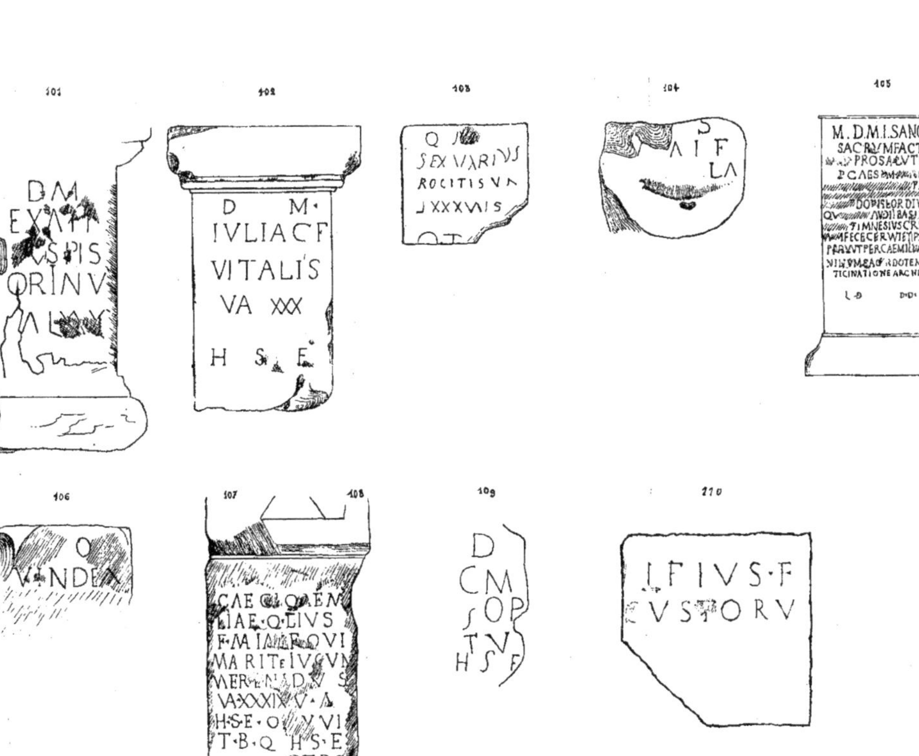

PL. XI

N° 111

Claudiu(s) Aenius (A)mphionis.....

Les lettres de la première ligne sont belles et mesurent 60 mil. ; celles des deux autres lignes sont moins correctes et ont respectivement 55 et 50 mil. Il y a probablement ligature de A et de M (3e ligne), mais la pierre est trop fruste à cet endroit pour qu'on puisse avoir une certitude. — A la 4e ligne paraissent les amorces supérieures de quatre lettres indéchiffrables.

Pierre de grand appareil en calcaire gris, de 41 cent. sur 37, et 22 d'épaisseur. L'inscription est sur l'épaisseur, dans le sens de la longueur.

Se trouve dans les remparts Sud du Vieux-Mila, à l'extérieur, sur le jardin Ben Merouch (côté ouest du saillant Bordj ben Chaban, à 2m85 de l'angle extérieur), dans le sens de l'épaisseur du mur ; forme le côté d'une meurtrière.

Société archéologique de Constantine, 1886-1887, vol. 24e, p. 187, n° 67. (Poulle).

NOTES :

Nos 112 et 113

***

Caractères de 0^m09 à 0^m12, grossièrement gravés. Ce sont sans doute des marques d'ouvriers.

La première pierre mesure 0^m60 sur 0^m43 et la seconde 0^m67 sur 0^m32.

Toutes deux sont en calcaire blanchâtre.

Se trouvent dans les remparts du Vieux-Mila, face Sud, à l'extrémité du jardin ben Merouch : la première est contre la maison Chérif ben Delmi ; la seconde près du saillant El Graba (contre la maison Ben Chaban).

Découvertes en 1890-1891 par MM. Ponté et Jacquot.

Inédites.

—

NOTES :

N° 114

***

Caractères de $0^{m}04$, d'une forme tenant à la fois du chiffre et de l'alphabet. Ce sont sans doute aussi des marques d'ouvrier.

Le bloc de grand appareil sur lequel ces signes sont gravés mesure $0^{m}57$ sur $0^{m}46$. Les trois caractères occupent, sur une seule ligne, un des angles de la pierre.

Se trouve au Vieux-Mila, dans les remparts Sud, façade extérieure, jardin Ben Merouch, contre la maison.

Découverte en 1892 par MM. Ponté et Jacquot.

Inédite.

NOTES :

N° 115

Pan ?

Très grandes lettres de 0^m16. L'N est penchée; la boucle du P est mal formée.

Pierre en calcaire tendre, haute de 0^m42 et large de 0^m67. L'inscription en occupe le centre. L'angle inférieur gauche manque.

Se trouve dans les remparts du Vieux-Mila, côté Est (à l'extérieur) donnant sur le jardin de Lakhdar ben el Ghomrani; elle est placée droite et cachée derrière un figuier, à 0^m85 du sol et à 2^m50 du rentrant d'El Graba.

Corpus Inscriptionum latinarum, vol. VIII, p. 703, n° 8238.

—

NOTES :

N° 116

Pan ?

Très grandes lettres de 22 cent. ; le P, plus grand que les autres caractères, a la boucle mal formée. Dessin et gravure grossiers.

Pierre blanche en calcaire tendre, de 42 cent. sur 49, dont l'inscription n'occupe que la gauche.

Se trouve dans les murailles du Vieux-Mila, face Est, et dans le même jardin que le n° précédent, la tête en bas.

Découverte en 1891 par MM. Ponté et Jacquot.

Inédite.

NOTES :

N° 117

(Dis manibus]...Co[mmodi],.. [a]ed(ilis)... A[uguris... III] vir(i) præ[f(ectura) i(ure) d(icundo) in col(onia) Rusicad (ensi) et [in col(onia) (Chul]li[tana] [et] bis in col(onia) Mil(evitana) functi quinquennalis. item [so]luta contributione a Cirtensib(us) iterum in col(onia) Mil(evitana) patria sua primi III vir(i) f(laminis) p(er)p(etui) quod ei ad legitimam qua[nti]tatem pro adfectionum in ord[i]ne adq(ue) in populo meritis suffr[a]gio oblatum est. Qui v(ixit) a(nnis) LX H. S. E. O. T. B. Q. — [T]uronia Cassia Commodi f[il(ia)] patri piissimo. — D'après le *Corpus.*

Les lettres sont d'une forme très pure, correctement alignées, mais de dimensions différentes selon la place qu'elles occupent : celles des trois premières lignes mesurent 0m04, celles des sept suivantes 0m035 et les dernières de 0m029 à 0m025 seulement. Il y a ligature de NN à la 6e ligne ; de IR, de TI et de NE à la 7e ; de TI à la 10e ; de TE, de TI et de VM à la 11e ; de NE, de ME et de TI à la 12e et de VM à la 13e.

L'inscription est gravée sur un beau bloc de tuf gris, dont la surface est devenue très fruste. Les arêtes ont été endommagées et l'angle supérieur de gauche a été emporté. Les premières lignes ont presque entièrement disparu ainsi que la gauche et surtout la droite des lignes suivantes. La pierre se soulève par lames superficielles et tombe en emportant les caractères. Elle mesure 0m75 de haut sur 0m58 de large et 0m48 d'épaisseur.

Se trouve dans les remparts Est du Vieux-Mila, façade extérieure, à demi cachée sous un lierre, dans le jardin de Lakhdar El Ghomrani.

Société archéologique de Constantine.

Corpus inscriptionum latinarum, vol. VIII, p. 702, n° 8210. (Wilmann).

Rénier, *Inscriptions romaines de l'Algérie,* n° 2308.

Delamarre, pl. III.

—

Notes :

N° 118

Q(uinto) Cœcilio C(aïi) f(ilio) Quir(ina tribu) Lœto c(larissimo) v(iro) proco(n)s(uli) provinciœ Bœticœ sodali Augustali leg(ato) Leg(ionis) XIII Geminœ Curatori col(oniœ) Pisaurensium Curatori col(oniœ) Formianorum prœ[tori... — Demaeght.

Beaux caractères de 0^m^06, formés d'un trait large de 0^m^009 ; plusieurs lettres ont disparu complètement, d'autres sont frustes et à peine lisibles.

L'inscription occupe toute la surface d'une longue dalle en calcaire grisâtre , d'une longueur de 1^m^10 sur une hauteur de 0^m^53, à peine endommagée dans l'angle supérieur droit.

Se trouvait avant 1868 dans la cour d'une maison du Vieux-Mila. Pendant le siège de cette ville par les insurgés Kabyles, en 1871, a été placée dans les remparts de la face Ouest, à l'extérieur, sur le jardin ben Zadri, contre la maison Ben-Kara Ali, où elle se trouve encore à 4^m^40 au dessus du sol et renversée.

Retrouvée en 1890 par MM. Ponté et Jacquot.

Société archéologique de Constantine, 1868, vol. 12e, p. 376.

Corpus Inscriptionum latinarum, vol, VIII, p. 701, n° 8207 ;

Rénier, *Inscriptions romaines de l'Algérie*, p... n° 2303, et *Mélanges d'Epigraphie* p. 15 ;

Delamarre, pl. 112, n° 8 ;

Ravoisié, Tome I, pl. XXVII, n° 2.

Observations : — « Cette inscription nous transmet le nom d'un personnage clarissime, légat de la XIIIe légion Germina et prêtre augustal, lequel s'appelait Q. Cœcilius Lœtus. » (Cherbonneau).

—

Notes :

N° 119

D(is) M(anibus) S(acrum) M(arcus) Julius Urbanus V(ixit) A(nnis) L V.

Les lettres, gravées avec un certain soin, semblent cependant de la basse époque: le trait en est large, les A ne sont pas barrés, les jambages des A, des M et du premier M dépassent la lettre. Hauteur: 0m065.

L'inscription, bien conservée, est sur une pierre de 0m50 sur 0m40, en calcaire rougeâtre.

Se trouve dans la muraille du Vieux-Mila, face Ouest, jardin ben Zadri, contre la maison ben Zermat, à 2m37 au-dessus du sol et à 12 mètres de l'angle du 2e saillant à partir de la route.

Société archéologique de Constantine, 1875, vol. 17e, p. 346, n° 1 (Costa et Walter).

Corpus Inscriptionum latinarum, vol. VIII, p. 703, n° 8207.

NOTES:

N° 120

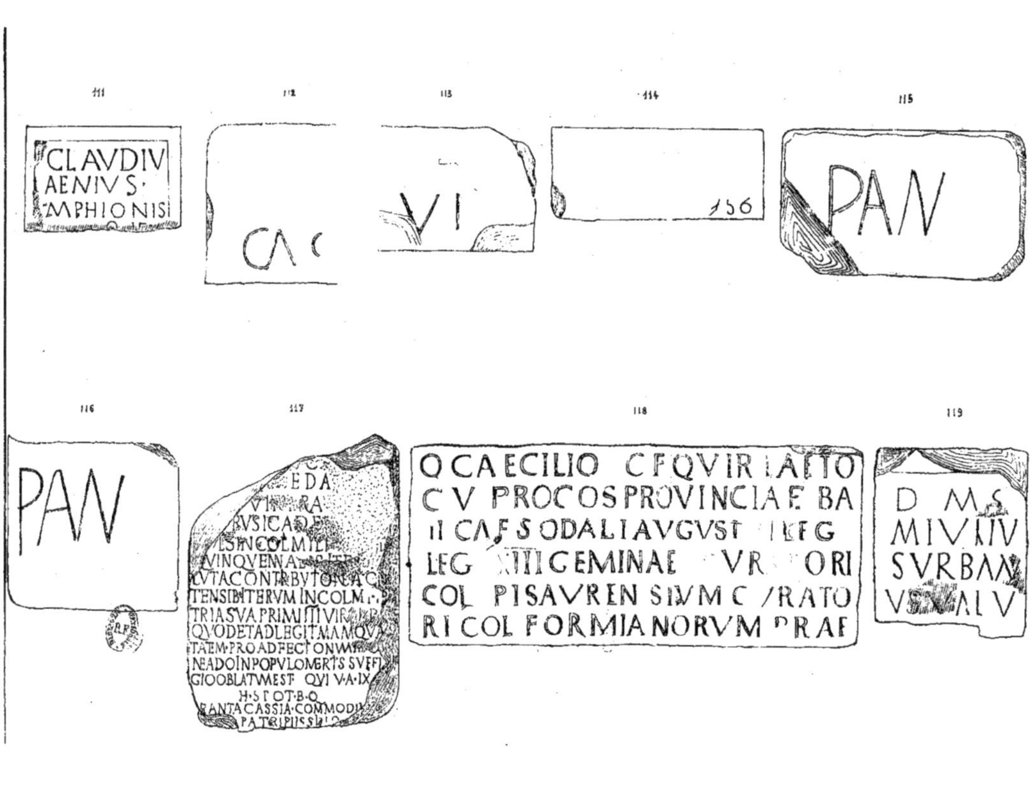

111
CLAVDIV
AENIVS
MPHIONISI
112
CA
113
VI
114
156
115
PAN
116
PAN
117
EDA
RVSICA
QVINQVENNAL
TENSIBI ITERVM INCOLM
TRIA SVA PRIMI II VIR
QVOD ET AD LEGITIMAM
TAEM PRO ADFECTIONE
NEADO IN POPVLO MERITS SVFF
GIO OBLATVM EST QVI V A IX
H S E O T B Q
RANTA CASSIA COMMODI
PATRI PIISSIMO
118
Q CAECILIO C F QVIR LAETO
CV PROCOS PROVINCIAE BA
II CAE SODALI AVGVST LEG
LEG XIIII GEMINAE VR ORI
COL PISAVRENSIVM C RATO
RI COL FORMIANORVM PRAE
119
D M S
MIVLIV
SVRBAN
V ALV

PL. XII

N° 121

D(is) M(anibus) Q(uintus) Fabius M(arci) F(ilius) Q(ui) Solutor Inter Amicis Certus Et Fidelis Orundo Rusicade V(ixit) A(nnis) C.

Lettres de 0m060, bien gravées. A la 4e ligne M et I sont liés. Les caractères des deux dernières lignes sont plus petits. C'est à tort que M. Poulle lit FARIVS au lieu de FABIVS.

Cippe avec chapiteau et base, en calcaire bleuâtre, endommagé. Hauteur totale : 1m18 ; du fût : 0m85 ; sa largeur : 0m45 ; son épaisseur : 0m48. La pierre reposait sur une colonne dont la tore supérieure est encore scellée au cippe.

Se trouve dans les faubourgs du Vieux-Mila, jardin du lieutenant Aissa (auprès de la Casbah), à côté de l'habitation.

A été découverte à cet endroit même en fouillant dans les fondations d'une maison romaine.

Société archéologique de Constantine, 1886-1887, vol. 24e, p. 187, n° 66 ;

Corpus Inscriptionum latinarum, fasc. II, p. 139, n° 448.

—

Notes :

N° 122

(J)uli(us)..... Fil(ius) Q(uirina tribu) German(us) V(ixit) A(nnis) XXX... H(ic(S(itus) E(st).

Les lettres sont belles, mais l'R est trop mince. Hauteur : 0m045.

Pierre en calcaire gris foncé, de 0m80 de haut sur 0m30 de large et 0m35 d'épaisseur. La partie supérieure a été emportée par une double cassure qui descend à gauche jusqu'à hauteur de FIL et à droite jusqu'à la dernière ligne.

Se trouve dans les faubourgs du Vieux-Mila, jardin de Bou-Chemel, sur la droite du chemin conduisant de la Casbah au-dessus du moulin Veyrinc, au pied d'un frêne et à gauche de la porte d'entrée.

A été trouvée sur place, debout dans la terre, en labourant.

Découverte en 1890 par MM. Ponté et Jacquot.

Inédite.

—

NOTES :

N° 123

D(is) M(anibus) S(acrum)...... Vixit...

En tête de l'inscription, un croissant.

Mauvaises lettres, irrégulières et inégales, mesurant 0m08 à la première ligne et 0m055 aux suivantes. Les jambages de l'M dépassent la lettre, l'S est réduite. Toute la partie écrite est striée de traits larges, également espacés, comme à la suite d'un martelage grossier.

Stèle à sommet rectangulaire; une courbe tangente à l'arête supérieure simule un sommet arrondi. Hauteur: 0m72; largeur, 0m55; épaisseur, 0m29; tuf dur.

Se trouve dans les faubourgs du Vieux-Mila, jardin Ahmed ben Ahmed (près du cimetière arabe), devant l'habitation.

A été trouvée dans le jardin même.

Découverte en 1892 par MM. Ponté et Jacquot.

Inédite.

NOTES:

N° 124

***

Aucune lecture n'est possible.

Les lettres, absolument frustes aujourd'hui, semblent cependant avoir été passablement soignées. Hauteur : 0m60.

Stèle très détériorée, de 85 cent. de haut sur 52 de large et 26 d'épaisseur, en tuf dur. Comprenait : un panneau supérieur arrondi au sommet, sans inscription ni emblème ; 2° un panneau inférieur renfermant le texte.

Se trouve dans les faubourgs du Vieux-Mila, à hauteur du cimetière arabe et dans le lit de la rivière, en face d'un gros rocher et au milieu de nombreux débris sans doute amenés là par les eaux.

Découverte en 1892 par MM. Ponté et Jacquot.

Inédite.

NOTES :

N° 125

Nous n'avons pas osé hasarder la restitution du texte, n'ayant pas eu l'estampage entre nos mains.

Caractères mal gravés et d'une forme inhabile, variant de 0m04 à 0m06 ; frustes. Ligature de X et V à la dernière ligne.

Fragment de calcaire gris, mesurant 0m75 sur 0m40, avec une épaisseur de 0m27 ; la partie supérieure manque ; la fin de la 4e ligne est emportée.

Se trouve au Kouf (banlieue de Mila), dans le gourbi de Mohamed ben Belkassem ben Cheikh ? (près des citernes), à l'entrée de ce gourbi.

Découverte en 1893 par M. Ponté, dont les documents nous ont servi à exécuter notre dessin.

Inédite.

Notes :

N° 126

Sittia Marciosa Felix Fecunda Castis(s)ima Quæ Manibus Ornata Cui(i)n Parva Quidem Memoria Fi(lii) F(ecit ou Fecerunt) V(ixit) A(nnis) LXXV.

Caractères médiocres, de la basse époque : les hastes des A et des M se prolongent au-dessus de la lettre ; les jambages de certains V sont courbés ; quelques lettres sont inégales. Ligatures : LI à la 3e ligne ; TI à la 4e ; RI à la 6e. Deux A ne sont pas barrés ; le trait horizontal de l'L final s'allonge sous les trois chiffres suivants. Les lettres se serrent et vont en diminuant vers les dernières lignes : de 0m045 elles descendent à 0m020.

Belle stèle de 0m40 sur 0m35, en calcaire gris, partagée en deux par un trait (creux) vertical. Le texte n'occupe que la partie gauche.

Se trouve dans les faubourgs du Vieux-Mila, mechta d'El Kouf (Kikbatt), dans l'écurie d'Amar ben Abderhaman et au pied du pilier qui soutient la toiture.

Découverte en 1891 par MM. Ponté et Jacquot.

Société archéologique de Constantine, 1890-1891, vol. 26e, p. 444, n° 37 (Vars).

Observations : — « La formule de la dédicace est rare : *Cui in parva quidem memoria.* » (Vars).

Notes :

N° 127

***

Très belles lettres de 12 cent. 1/2, de la bonne époque.

Fragment de stèle en beau calcaire bleuâtre, poli ; une cassure a emporté la partie droite de l'inscription, tronquant deux lettres. Les dimensions du morceau conservé sont : hauteur : 0m50 ; longueur : 0m42 ; épaisseur : 0m06 à 0m08.

Se trouve dans les faubourgs du Vieux-Mila, zaouïa de Sidi-Bou-Yahia, à droite de l'entrée, sur le seuil du local destiné aux ablutions.

Société archéologique de Constantine, 1879-1880, vol. 20e, p. 39, n° 57. (Reboud).

—

NOTES :

N° 128

D(is) M(anibus) S(acrum) Memoria A(e)ternæ Valeri(i) Saturnini Qui Vix(it) Annis Noviens Convientinibu(s) Annis H(ic) S(itus) E(st) O(ssa) T(ua) B(ene) Q(uiescant).

Bonne gravure. Les lettres sont assez belles ; elles mesurent 0m050 à la 1re ligne et successivement 0m045, 0m040, etc., la dernière ligne étant de 0m030.

Très beau dé d'autel en calcaire jauni par le temps, très fruste. Les moulures de la corniche et celles de la base sont usées. Hauteur du fût : 0m50 ; largeur : 0m42 ; épaisseur :

Se trouve au même lieu que la précédente inscription, mais dans l'école ; forme le milieu du pilier central de cette salle.

Société archéologique de Constantine, 1875, vol. 17e, p. 346, n° 7 (Costa et Walter) ;

Même publication, 1879, p. 38, notes ;

Corpus Inscriptionum latinarum, vol. VIII, p. 703, n° 8233.

—

NOTES :

No 129

L(ucius) Sicinius Gallus (militavit centurio) XXV... Sicinis C(aïi) L(ucii) Fil(ius).

Lettres de 0m05, d'un dessin très médiocre.

Le bloc de calcaire gris, veiné de rouge, qui porte cette inscription mesure 0m46 de hauteur sur 0m 66 de largeur et 0m50 d'épaisseur.

Le texte est enfermé dans un rectangle de 0m42 de large sur 0m28 de haut, dont les côtés ressortissent en queue d'aronde.

Se trouve dans les faubourgs du Vieux-Mila, à 100 mètres en aval du pont qui sépare cette ville du village français et dans le jardin de Si Deradji ben Chir (où passait l'ancien rempart du Mila romain).

Découverte en 1894 par M. Ponté, dont les documents nous ont servi à exécuter notre dessin.

Inédite.

—

NOTES :

N° 130

Pro Salute Auggiustorum n(ostrorum) i(mperatorum) a sol(o) curatore Sextili(o) Veturius et Curtius S....

« Pour la santé des 2 Augustes nos Empereurs, depuis les fondations, sous la direction de Sextilius, Veturius et Curtius S.... (ont fait élever ce monument). » — Demaeght.

Belles lettres assez bien conservées, de 0m075 — 0m065 — 0m070 et 0m035.

Bloc de calcaire gris, haut de 0m35 et large de 1m00; épaisseur : 0m55.

Se trouve dans les faubourgs de Mila, au nord de la route menant du village français à la vieille ville, près des remparts, et avant le chemin de ronde, dans le jardin qui est en contre-bas et qui a été acquis par le lieutenant Aïssa. Etait sous un tas de pierres provenant de ruines romaines.

Découverte en 1893 par M. Ponté, dont les documents nous ont servi à exécuter notre dessin.

Inédite.

—

NOTES :

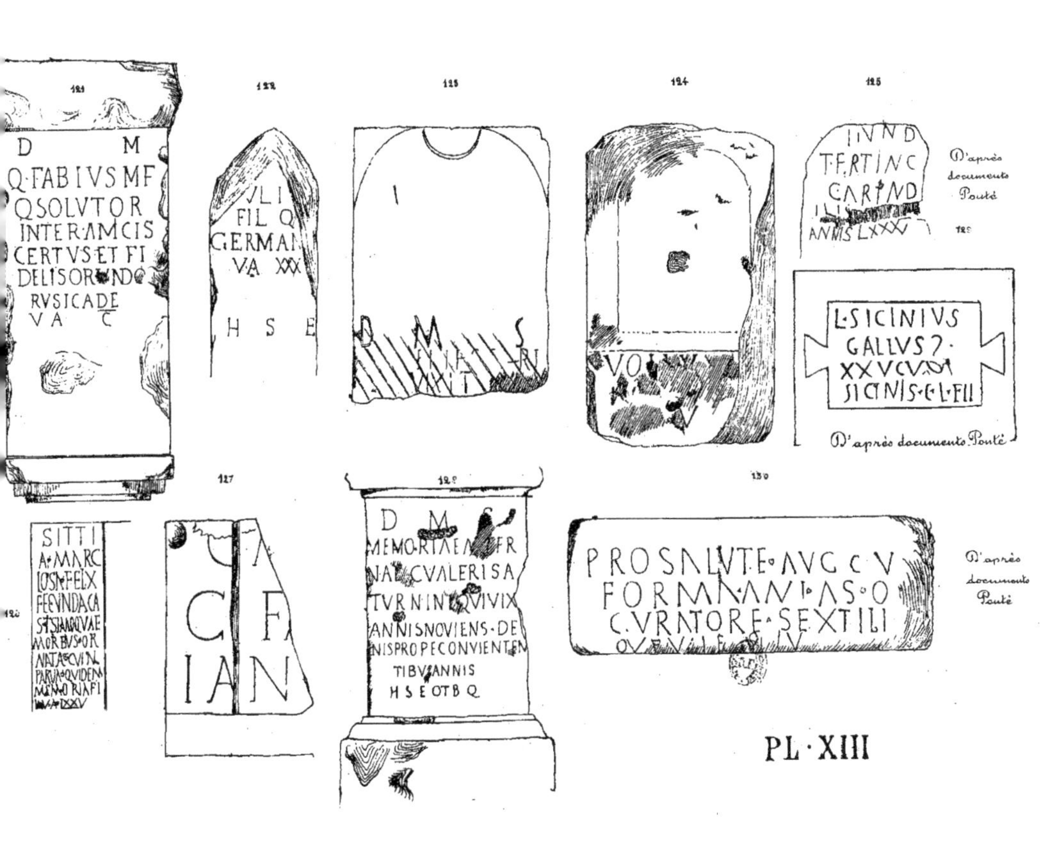

D M
Q·FABIVS MF
QSOLVTOR
INTER·AMCIS
CERTVS ET FI
DELISOR
RVSICADE
VA C
FIL Q
GERMA
H S E
D M S
VO
D'après documents Pouté
L·SICINIVS
GALLVS
SICINIS·C·L·FII
D'après documents Pouté
SITTI
A·MARC
FECVNDA CA
MORIBVS·OR
D M S
MEMORIAE
ANNIS NOVIENS·DE
NISPRO PECONVIENTEM
TIBVS ANNIS
H S E O T B Q
PROSALVTE·AVG C V
C·VRATORE·SEXTILI
D'après documents Pouté

PL · XIII

N° 131

Julia..... ia V(ixit) A(nnis)...

Lettres grêles, de 0^m060, bien alignées mais de forme médiocre : la barre des A est oblique ; le trait gauche des V est penché, le droit est vertical.

Stèle à sommet triangulaire, de 0^m80 sur 0^m52 et 0^m20 d'épaisseur, très fruste, en tuf tendre. L'inscription est dans un panneau, à mi-hauteur de la pierre : la moitié de droite a disparu.

Se trouve banlieue de Mila, traverse de Redjas, au-dessous de la mechta Ben-Allel, au millieu d'autres pierres provenant de constructions romaines.

Découverte en 1891 par MM. Ponté et Jacquot.

Société archéologique de Constantine, 1890-1891, vol. 26e, p. 449, n° 41 (Vars).

—

NOTES :

N° 132

*****

Toute lecture est impossible.

Très belles lettres de $0^{m}12$ et de $0^{m}13$, gravées d'un trait large.

Cube de calcaire rosé, excessivement endommagé sur la face écrite. Hauteur : $0^{m}65$; largeur, $0^{m}56$; épaisseur, $0^{m}80$.

Se trouve à Marchou (6 kil. S.-E. de Mila), dans les ruines d'un monument important que les indigènes appellent M'tahann N'ssara (à cause de deux bases de colonnes gigantesques qu'ils croient être d'anciens moulins chrétiens).

Découverte en 1892 par MM. Jacquot et Jean.

Inédite.

—

NOTES :

N° 133

..... *Triumviro IIII Col(oniarum)..... Col(onia) Milevitana..... Julius Q(uinti) Fil(ius) Quir(ina tribu)..... abius Agrippinus..... Rarissim(æ).*

Très belles lettres, d'un dessin tout-à-fait soigné ; hauteur : 0m070 pour les trois premières lignes et 0m060 pour la 4e ; (le bas de la 5e manque). Ligatures : IR à la 1re ligne, IT à la 2e, IR à la 3e, RI et PI à la 4e, RI et IM à la 5e. Les deux dernières lignes sont frustes.

Pierre en calcaire légèrement teinté, de 0m45 sur 86 (0m75 d'épaisseur) ; les arêtes ont souffert, le côté gauche a été cassé diagonalement.

Se trouve au même lieu que la précédente inscription (dont elle était sûrement la suite) mais au pied du plateau, près d'un sentier où elle a roulé il y a de longues années déjà.

Société archéologique de Constantine, 1879-1880, vol. 20e, p. 30, s. no. (Reboud et Goyt).

NOTES :

N° 134

D(is) (Manibus) Cornelia..... Vi(xit) An(nis) L H(ic) S(ita) E(st).

Très mauvaise inscription : les lettres sont grossières, penchées, irrégulières et mal alignées ; Hauteur : 0m055.

Très grande pierre de 1m49 sur 0m60, en calcaire blanc ; absolument fruste, avec l'arête latérale gauche endommagée. L'inscription n'occupe que le tiers supérieur de la pierre.

Se trouve entre Azéba et Mila, au bordj Belkassem-ben-Lakhdar ben Zian, auprès de la route de Constantine (kil. 49,300), sur un mamelon couvert de ruines ; forme le montant droit de la porte du parc ; renversée de bas en haut.

Découverte en 1892 par MM. Ponté et Jacquot.

Inédite.

Notes :

N° 135

(Dis) M(anibus) Saenia Ingeniosa V(ixit) A(nnis) XV... H(ic) S(ita) (Est).

Belles lettres, paraissant l'œuvre d'un bon ouvrier. Il semble y avoir un N lié à l'A final de la 4e ligne. Les A ne sont pas barrés à la 1re ligne, le G a la forme d'un C ; peut-être ne devons nous voir dans ces fautes de détail que l'effet du temps, car la pierre a beaucoup souffert. Hauteur des lettres : 0m050. Ligature de N I à la 3e ligne.

Pierre rectangulaire de 0m53 sur 0m35 de largeur et d'épaisseur : les quatre angles sont brisés, l'inférieur de droite plus complètement.

Se trouve dans le périmètre d'Azéba, à un bon kil. au-dessus du hameau, sur la traverse arabe, au pied d'un mamelon couvert de ruines.

Découvert en 1891 par M. Jacquot.

Société archéologique de Constantine, 1890-1891, p. 443, n° 35 (Vars).

—

NOTES :

N° 136

D(is) M(anibus) Flavia L(ucii) F(ilia) Melita V(ixit) A(nnis) XXV... H(ic) S(ita) E(st) O(ssa) T(ibi) B(ene).

En tête de l'inscription, un croissant accosté de deux trèfles.

Les lettres qui ont 0m09 à la 1re ligne, 0m095 aux deux suivantes et 0m10 aux dernières, sont régulières, très simples, mais d'un dessin et d'une gravure absolument corrects. Deux points après l'L de la 3e ligne et un après l'F.

Très longue pierre de 1m70 de haut sur 0m55 de large et 0m33 d'épaisseur, brisée au milieu de la dernière ligne: les deux parties sont séparées.

Se trouve à Aïn-Tinn même, dans la cour de la maison de poste (chez Sandt).

Aurait été apportée de Sidi-Khalifa par M. Sandt jeune.

Société archéologique de Constantine, 1888-1889, vol. 25e, p. 418, n° 32 (Poulle).

—

Notes :

N° 137

D(is) M(anibus) Q(uintus) Cecil(ius)... Qu(irina tribu Vixit) Annis LXV.

Lettres inhabiles, très inégales, de 0m030 à 0m040, frustes.

Stèle en forme de dé d'autel, avec corniche travaillée ; la base manque. La pierre a beaucoup souffert, précisément à hauteur du texte, sur les deux côtés. Hauteur totale : 0m68 ; du fût : 0m50 ; épaisseur : 0m29.

Se trouve à Aïn-Tinn, bordj Ben-Zekri (un kil. environ au-dessus du village), devant l'habitation ; sert de marche.

Découvert par MM. Reboud et Goyt.

Société archéologique de Constantine, 1879-1880, vol. 20e, p. 193, n° 176 quater (Reboud et Goyt).

NOTES :

N° 138

Mem(oriæ).

Grandes et belles lettres de 0m20 de hauteur; le dernier jambage du deuxième M a disparu,

Les deux fragments qui portent ce bout de texte sont séparés. Le premier est une pierre de 0m47 sur 0m60. Le second n'a pas pu être retrouvé.

Se trouve au même lieu que l'inscription précédente. La pierre qui porte les trois premières lettres est à l'extérieur du Bordj, dans la maçonnerie du mur, reposant sur le côté gauche ; l'autre est dans l'intérieur de l'habitation.

Découverte en 1865 par M. Poulle.

Société archéologique de Constantine, 1876-1877, vol. 18e, p. 518, nos 7 et 8. (Poulle).

—

NOTES :

N° 139

***

Pas de lecture possible.

Lettres de 0^m06 et 0^m08, de la bonne époque.

Débris d'une inscription dont il est difficile de préciser la nature ; le fragment qui nous reste mesure 0^m30 sur 0^m20. Le texte n'en occupe que la partie supérieure ; l'angle inférieur droit a disparu.

A été trouvée sur la route de Sidi-Khalifa à Aïn-Tinn, aux environs de la borne 19^k600.

Se trouve actuellement à Sidi-Khalifa, maison Quemrais, dans le mur de la cour et contre l'habitation, presque dans l'angle, à hauteur d'homme et couchée.

Découverte en 1892 par M. Jacquot.

Société archéologique de Constantine, 1890-1891, vol. 26e, p. 443, n° 36 (Vars).

—

Notes :

N° 140

D(is) M(anibus) S(acrum) Vixit Annis CXI

M. Ponté, qui nous a communiqué la lecture de ce texte (ainsi qu'un croquis) ne nous a fourni aucune indication sur les dimensions soit des lettres, soit de la pierre.

Dé d'autel.

Se trouve aux Ouled Bou-Azoun, mechta Mouloud ben Bedfact.

—

NOTES :

131
132
133
134
C·N·
ATO
IXA
COMI LEVTANA
IVLIVS·Q·FIL·QVR
D
CORNELIA
H S E
135
136
137
138
139
SAENI
INCEN
O SAV
V·A·XV·
H S
D M
FLAVIA
L F
MELITA
VAXXV
MEN
LE ST
AR A
PL. XIV

N° 141

D(is) M(anibus) Ni(?)cidius Felicio V(ixit) A(nnis) LX H(ic) S(itus) E(st).

Lettres gravées profondément, hautes de 0m040 ; les jambages de l'M dépassent la lettre ; le quatrième caractère de la 2e ligne a la forme d'un I dont le pied se recourberait ensuite à gauche par un jambage plus long et moins recourbé que la queue d'un J. L'inscription est fruste.

Pierre taillée dans un calcaire devenu jaunâtre, en forme de dé d'autel. La base manque ; la corniche est brisée (à droite) au ras du fût. Hauteur totale : 0m60 ; du fût : 0m43 ; largeur : 0m34.

Se trouve à Ferdoua, ancienne ferme Jouvenne, près de la source, au milieu des restes d'une exploitation antique (où existe aussi un phallus en bas-relief sur une pierre de grand appareil).

Découverte en 1891 par M. Jacquot.

Société archéologique de Constantine, 1890-1891, vol. 26e, p. 441, n° 34. (Vars).

—

NOTES :

N° 142

Cons(tantinus) V(ixit) A(nnis) V... H(ic) S(itus) E(st) O(ssa) T(ua) B(ene) Q(uiescant) Filio dulcissimo Successianus pater.

Le dessin du n° 142 a été exécuté d'après les documents (estampages, notes et croquis) communiqués par M. Ponté.

Les lettres mesurent 0m05 et paraissent avoir été dessinées avec soin.

Le texte est gravé sur le bas d'un dé d'autel en calcaire gris, dont la base est encore intacte. La partie conservée mesure 0m76 ; le morceau du fût, 0m52 sur 0m37 ; épaisseur, 0m55. Les premières lettres sont devenues d'une lecture difficile. M. Reboud, dans sa lecture, a sauté la 6e ligne et a mal copié les 4e et 5e lignes.

Se trouve à Sidi-Merouan, dans la cour de l'Ecole.

Origine inconnue.

Société archéologique de Constantine, 1879-1880, vol. 20e, p. 43, n° 73 (Reboud).

—

NOTES :

N° 143

O(ssa) T(ua) B(ene) Q(uiescant) Procc(ilius) C(aïi) F(ilius) V(ixit) A(nnis) XXV... H(ic) S(itus) E(st).

Lettres de 0m06, paraissant dater de la bonne époque.

Le texte occupe l'intérieur d'un rectangle de 0m36 sur 0m44, formant le pied d'une stèle de 0m65 de haut, dont le sommet est fortement endommagé. Nature de la pierre : calcaire gris.

Origine inconnue.

Se trouve au même lieu que la précédente.

Société archéologique de Constantine, 1879-1880, vol. 20e, p. 43, n° 74 (Reboud).

—

NOTES :

N° 144

N° 145

N° 146

D(is) M(anibus) S(acrum) Orchiviu(s) Agrill(ius) V(ixit) A(nnis) LX... O(ssa) B(ene) Q(uiescant) H(ic) S(itus) E(st).

Caractères médiocres, grêles et inégaux, d'une hauteur moyenne de 0m05. Les A ne sont pas barrés.

Belle stèle en forme de dé d'autel, taillée dans un calcaire bleuâtre très endommagé par les eaux. Le pied n'est pas taillé ; la corniche supporte un fronton triangulaire flanqué de deux demi-cylindres. Les moulures sont soignées. Hauteur totale : 1m02 ; du fût : 0m76 ; largeur : 0m37.

Se trouve sur la traverse arabe de Mila à Sidi-Khenenou (d'en-bas), un peu après l'embranchement de la mechta d'en-haut, dans un col que borde le ravin de la Hyène et à côté d'un bloc de la même nature de pierre.

Découverte en 1892 par M. Jacquot.

Corpus Inscriptionum latinarum, vol. VIII, n° 8224, n° 703.

—

NOTES :

N° 147

P(ublius) Sœn(ius) Q(uinti) F(ilius) Quir(ina tribu) M...... V(ixit) A(nnis) XL... H(ic) S(itus) E(st) O(ssa) T(ua) B(ene) Q(uiescant).

Caractères passables, mais frustes, de 0m045 à 0m046. Les A ne sont pas barrés. Ligature de IR à la 2e ligne. L'O de la formule est plus petit que les autres lettres.

Partie inférieure d'un dé d'autel avec sa base, très abimées. L'angle supérieur droit et l'arête latérale du même côté manquent jusqu'au-dessous du texte. Hauteur totale: 0m83 ; du fût, 0m58 ; largeur, 0m37 ; épaisseur, 0m39.

Se trouve au douar Zitounet-el-Bidi, ferme Laumesfeld (près du confluent de l'Oued K'ton et du Rhumel), dans le mur de la terrasse.

Trouvée sur place, au milieu de débris et de colonnes antiques.

Société archéologique de Constantine, 1879-1880, vol. 20e, p. 52, n° 101 (Goyt).

NOTES :

N° 148

D(is) M(anibus) S(acrum) Q(uinto) Munnenio Q(uinti) Fil(io) Q.....? Augustali V(ixit) A(nnis) LXXXX... H(ic) S(itus) E(st).

Inscription de belle apparence. Les lettres sont correctes, sans défaut ; les Λ ne sont pas barrés. Hauteur des lettres : 0m040 et 0m035.

Très beau dé d'autel avec corniche d'un travail soigné, surmontée d'un fronton sculpté (qui est malheureusement endommagé). La base manque. Hauteur totale : 0m55 ; du fût, 0m36 ; largeur, 0m34 ; épaisseur, 0m28.

Se trouve au même lieu que les deux précédentes, devant le gourbi de l'un des Khammès.

Société archéologique de Constantine, 1879-1880, vol. 20e, p. 52, n° 99 (Goyt).

—

NOTES :

N° 149

D(is) (Manibus) M(arcus) Cæcilius M(arci) F(ilius) O...... ? Saturninus Qui Et Eusebius V(ixit) A(nnis) L V H(ic) S(itus) E(st) O(ssa) T(ua) B(ene) Q(uiescant).

Inscription passable : à la 4e et à la 5e lignes les I sont penchés à gauche ; à la 3e, l'A n'est pas barré. Lettres de 0m045 à 0m050.

Pierre rectangulaire, fruste, en calcaire blanchâtre ; haute de 0m75, large de 0m42, épaisse de 0m20. Les deux angles de droite ont été cassés et manquent.

Se trouve au même lieu que la précédente, dans la pièce servant de magasin.

Société archéologique de Constantine, 1888-1889, vol. 25e, p. 410, n° 31 (Poulle) ;

Corpus Inscriptionum latinarum, vol. VIII, p. 702, n° 8215.

—

NOTES :

F·O· T·B·Q
FILIO DVL
CISSIMO
SVCCESSIANS
PATR
O·T·B·Q
H S·E
146
D M S
V·A·LX
H S
147
P SAEN
VA XL
H S E
148
D M S
Q MVNNENIO
H S E
149
D
M·CAECILI
TVRNINVS
QVI·ET·EVSEBI
VS·V·A·L V
H·S·E·O·T·B·Q

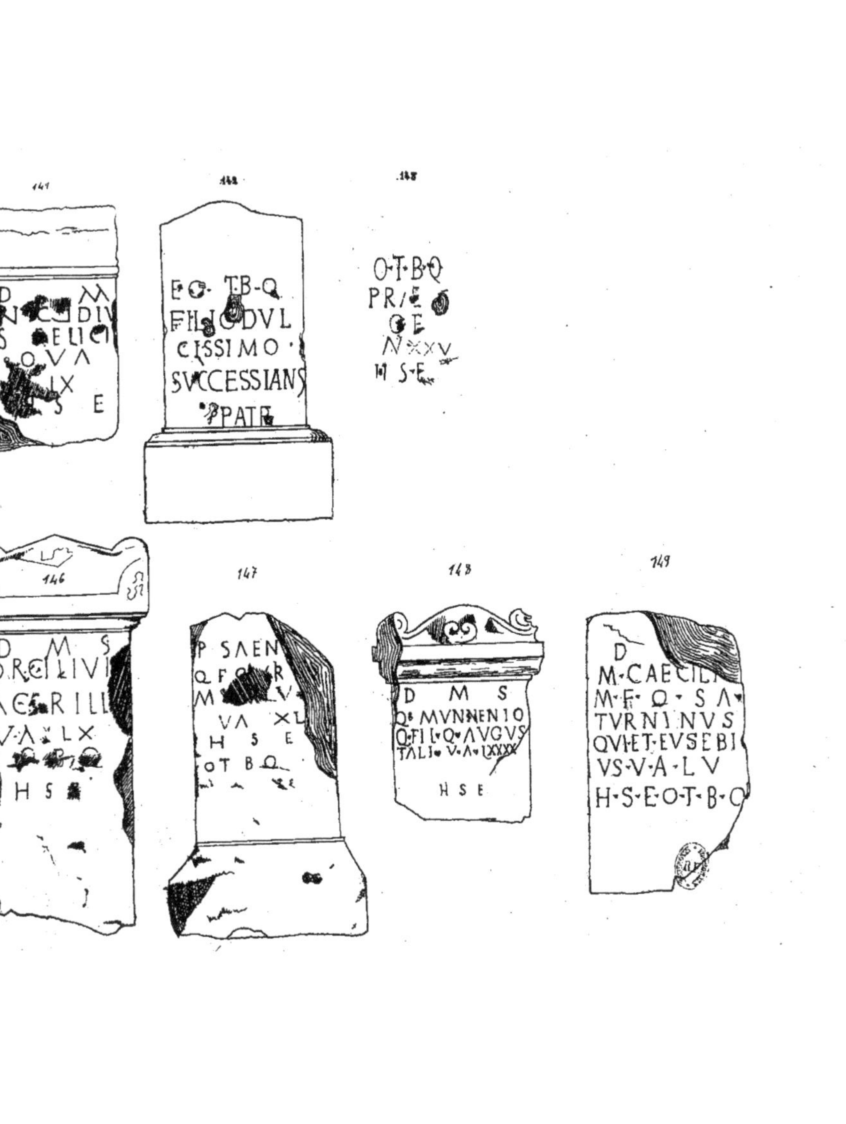

PL. XV

I

SUPPLÉMENT

INSCRIPTIONS DÉJA PUBLIÉES

mais disparues depuis leur publication

N° 1

D M
CLODIA
CRESPINA
V.A. XXV

Société archéologique de Constantine, 1875, vol. 17, p. 346, n° 3 (Costa).

Mila.

— N° 2

I O M
PRO SAL IMP CAES
MAVRELIANTONINI
PIISEVERIFELICISAVG
BRITMAXGASINIVS
FELIXCVREQALIFL
V S L A

Société archéologique de Constantine, 1875, vol. 17, p. 415, n° 32 (Poulle).

Zéraïa.

Dé d'autel de 0m68 sur 0m50, avec soubassement, corniche et fronton. Les lettres ont 0m06. Ligatures : A la 3e ligne, L et I, N et T, N et I ; à la 4e, L et I, A et V ; à la 5e, M et A, N et I.

Lecture :

Jovi Optimo Maximo pro salute Imperatorio Cœsario Marci Aurelii Antonini Pii Severi felicio Augusti Britannici maximi Gasinius felix curante equali (sic) *liberto votum solvit libens animo.*

— N° 3

IN HIS PRAEDIIS
CIRILLAEMAXIMAEC.F.
TVRRESSALVTEMSALTUS
EJVSDEMDOMINAEMEAE
CONSTITUIT
NVMIDIVSSEER.ACT

(Lecture Dufour).

Lecture Poulle :

IN HIS PRAEDIIS
CAELIAE MAXIMAE C.F
TVRRES SRLVM SALIVS
etc.

Société archéologique de Constantine, 1876-1877, vol. 18e, p. 215 (Dufour) ;

Idem, p. 512, n° 22 (Poulle) ;

Corpus Inscriptionum latinarum, vol. VIII, p. 701, n° 8209.

Ain-Tinn.

A la 4e ligne, A et le 1er E de MEAE sont liés. La pierre est taillée en queue d'aronde.

Lecture :

In his prædiis Cæliæ Maximæ clarissimæ feminæ turres salutem saltûs ejusdem dominæ meæ constituit Numidius servus actuarius.

Traduction :

Sur ces domaines de Cœlia Maxima, femme Clarissime, Numidius — esclave-intendant — a fait construire ces tours pour la surveillance de la forêt de sa maîtresse.

— N° 4

M S
... .SI GENITOR NOBI...
.....STANTIA LARGA
.....SITAAMPIETASREDD
OBSEQVIVM
..IBIMAGNIFICASTRVER...
.....NERANDESEPYLCRIIA (sic)
EXAVROFVLVOETSOLID...
EXEBORE
T... ESQVETI.....

Société archéologique de Constantine, 1876-1877, vol. 18e, p. 521, n° 24 (Poulle) ;

Corpus Inscriptionum latinarum, vol, VIII, p. 731, n° 8234 ;

Rénier, Inscriptions romaines de l'Algérie.

Mila (jardin de la Casba).

La pierre qui porte cette inscription mesure 0m37 sur 0m30. Les caractères, très nettement gravés, n'ont que 0m015.

Lecture :

Dis Manibus Sacrum

.....*Si genitor nobis substantia larga, Mnésita (?) jam pietas reddidit obsequium. Ibi magnifica struerrent venerande sepulchra. Ex auro fulvo et solido ex ebore...*

— N° 5

luna crescens

MISINIVS EXRIC
ATVS.V.A.C.H.S

Société archéologique de Constantine, même vol., p. 522 ;

Corpus Inscriptionum latinarum, vol. VIII, n° 8229.

— N° 6

A A M
A P C

Société archéologique de Constantine, 1878, vol. 19e, p. 387, n° 103 bis (Poulle).

Mila.

— N° 7

SELV.....
VIXIT AN
NIS LXV
H.S.E

Société archéologique de Constantine, 1879-1880, vol. 20e, p. 18, n° 19 (Reboud et Goyt), et p. 37-38.

Rénier, Inscriptions romaines de l'Algérie, nos 2304 et 2308.

Sidi-Khalifa (maison Hubert).

Mila : 1° mur, place principale ; 2° mur extérieur de l'enceinte.

— N° 8

BASILEA
[BON] OSA
V.A.LXV
H. S.

Société archéologique de Constantine, 1879-1880, vol. 20e p. 193, n° 176 bis (Reboud et Goyt).

Aïn-Tinn.

Sur une pierre ornée d'un fronton à corniche.

— N° 9

C. H. SAC

Société archéologique de Constantine, même volume, n° 176 ter.

Aïn-Tinn.

Lecture :

Celeri Herculi Sacrum.

— N° 10

A A C

Société archéologique de Constantine, même volume, n° 176 quinque.

Aïn-Tinn.

— N° 11

.ITVRMAL.F
QVINTILLA
V.A XXV

Société archéologique de Constantine, même volume, p. 194, n° 180.

Mila (village français).

— N° 12

IVRIA MA(TRONA)
V.A.LX H.S

Société archéologique de Constantine, même volume, p. 194, n° 181.

Même lieu.

— N° 13

T
TR

Société archéologique de Constantine, même volume, p. 197, n° 187.

Mila (dans les jardins).

Sur une plaque de marbre trouvée dans les fouilles exécutées autour de la statue. Hauteur de T : 0m14 ; de TR : 0m11.

— N° 14 DED — LIAS

Société archéologique de Constantine, même volume, p. 197, n° 188.

Mila.

Sur 2 fragments de pierre calcaire dont la partie inférieure est arrondie ; ils ont fait partie de la même inscription et proviennent tous les deux de l'enceinte. Hauteur des lettres : 0m13.

— N° 15 AMENTIS

Société archéologique de Constantine, même volume, p. 198, n° 189.

Mila.

Sur une plaque de pierre blanche de 0m03 environ d'épaisseur ; M et E sont liés ainsi que N et T. L'S ne conserve que sa partie inférieure. Hauteur des lettres : 0m34.

— N° 16 C. FLAVIVS I.F
QVIR MODESTVS
V. S. L A

Société archéologique de Constantine, 1882, vol. 22e, p. 140, n° 23 (Goyt) ;

Corpus, additamenta, vol. VIII, n° 920.

Mila (jardin).

Sur une pierre votive portant l'image de Tanit, large de 0m65 et partagée en 2 fragments sans bas-reliefs ni attribut. Les lettres ont 0m06.

Lecture :

Caïus Flavius, Julii filius, Quirina tribu, modestus votum solvit libens animo.

rosa
luna crescens

— N° 17 ... *sa* TVRVS
..... ROPTIV
.......CN.
..... LPVRNI.

Société archéologique de Constantine, vol. 22e, 1883, p. 140 (Goyt).

Corpus, additamenta, vol. VIII, p. 449, n° 917.

— N° 18 SITTIVS TRAV
...VS VOT.S...

Lecture du *Corpus :*

SITTIVS.TR.A.V.
C.L.A.V.S.VOTVM SOL

Société archéologique de Constantine, même vol., n° 24;
Idem, 1883, vol. 22e, p. 140 (Goyt);
Corpus, additamenta, vol. VIII, n° 923.
Mila.

Pierre de 0m40 sur 0m18, portant une Tanit à long col, à longues jambes et aux bras relevés. Au bas, dans un cartouche, les mots : *Sittius Travius (?) votum solvit.*

— N° 19 C. IVLIVS PVDENS
V.S.L.M

Société archéologique de Constantine, même vol., n° 25;
Idem, 1883, p. 140 (Goyt);
Corpus, additamenta, vol. VIII, n° 921.
Mila.

Sur une pierre à face triangulaire, de 0m40 de base et de 0m23 de hauteur, terminée par 3 pointes, dont une centrale et deux en acrotères. Lettres de 0m35.

— N° 20 ...DONVS V.S.L.A.

Lecture du *Corpus :*

SEX. DONVS.V.S.L M

Société archéologique de Constantine, même vol., n° 26;

Corpus, additamenta. vol. VIII, n° 919.

Mila, *in fundo* Lemoine.

Sur un fragment et en lettres de 0m03.

— N° 21

P.SITTIVS
CATVARI
F.SENEX V.S.L.A

Société archéologique de Constantine, même volume, n° 27 ;

Idem, 1883, vol. 22e, p. 140 (Goyt) ;

Corpus, additamenta, vol, VIII, n° 922.

Mila.

Inscription tracée dans un triangle figurant Tanit. Lettres de 0m03.

— N° 22

L. TER. V.S

Société archéologique de Constantine, même vol., n° 28 ;

Idem, 1883, vol. 22e, p. 140 (Goyt) ;

Corpus, additamenta, vol. VIII, n° 924.

Mila.

Pierre de 0m40 sur 0m25, avec une image de Tanit consistant en un trapèze allongé dans le sens de la hauteur, surmonté de deux bras relevés et d'une petite tête ronde au bout d'un long col. Au-dessous, dans un cartouche à queue d'aronde et en lettres de 0m025, l'inscription *Lucius Terentius votum solvit.*

— N° 23

D — M
Q. POMP
EIVS.PALTAN
VS VA
CVI

Société archéologique de Constantine, même vol., n° 11 (Poulle).

Mila.

Dans un jardin, à l'angle du rempart S.-O. A la 3e ligne A et N, à la 4e A et V sont liés.

— N° 24

D M S
SEIVS
GALLICVS
VIX. AN. C
V

Société archéologique de Constantine, même vol., n° 9, p. 290.

Ain-Tinn.

Inscription prise sur une pierre trouvée sur les domaines de Cœlia Maxima et au haut de laquelle sont gravés 2 cercles coupés par 2 diamètres et séparés par un croissant.

— N° 25

LADD

Corpus Inscriptionum latinarum, vol. VIII, p. 701, n° 8205.

— N° 26

Q.EM (IL)
IVS SAT
VRNINV
S VA . XXI
HSE OTBE

Idem, p. 702, n° 8212 ;
Delamarre, tab. 112, n° 6 ;
Rénier, n° 2310.

— N° 27

DM SAC
AE. EXTRICA
TVS. QVIR. R
EBVRP ////
VIXIT. CV

Idem, p. 702, n° 8213 ;
Rénier, n° 2315.

Mila : *Ante œdes privatas scamni loco posita.*

N.-B. — Cette inscription nous paraît être le n° 90 de notre monographie.

— N° 28

EPIDIA. Q. (F)
VRBANILLA
// H. S. E.

Idem, p. 702, n° 8220.

— N° 29

D M
L FERRIVS
L F QVIR
A V I T V S
V A LXXX

Idem, p. 702, n° 8222.

— N° 30

F L A V I V S
IIIIRMANIIS
VA L V II S

Idem, p. 702, n° 8223 ;
Rénier, n° 4240.

— N° 31

D MIS
OMCE/V //
S VIXIT// VII
C IVL DOVI
RV/ T

Idem, p. 703, n° 8225.

— N° 32

D M
M. IVLIVS
FAVSTVS
V A XL

Idem, p. 703, n° 8226 ;
Rénier, n° 4242.
Mila : entre le fossé et la muraille, au Nord-Est.

— N° 33

D M
M P E T R O
N I V S M P Q
I A N V A R I V S
PIISSIMVS PA
VA X C
H S P E

Idem, p. 703, n° 8231 ;
Rénier, n° 2314.
Mila : *Cippus altus m.* 0m95, *latus* 0m30.

— N° 34

D M
SEX
NAM
PAME
VAXXI

Idem, p. 703, n° 8232.
Wilmann.
Mila : *Alta m.* 0m84, *lata* 0m30, *litteris* 0m6.

— N° 35

IVII EC
OIIVM
C. CLODIVS. C. F
SVRVS. DIEM
BONVM

Corpus, additamenta, vol. VIII, p. 449, n° 916.
Mila : *In fundo* Lemoine.

— N° 36

stella
luna crescens

VAERIA. L. F
PVPA. SACE
RDOS. CERE
R//V
A
LXXXII

Corpus, additamenta, vol. VIII, p. 449, n° 925.
Mila : *Apud Calvelli oppiduli magistratum.*

— N° 37

rosa

C. IVLIVS. CONTENT
VS. VOTVM. SOLVIT

Corpus, Ephemeris epigraphica, 1888, n° 446.
Mila : *In ædium pariete in alto ponta.*

II

NOMS PROPRES

Relevés dans les textes latins (nos 1 à 150) et dans le supplément (1 à 40)

A

Aelius, 67.
Aemilia, 86, 100.
Aemilius, 108.
Aenius, 111.
Agrillus, 146.
Agrippinus, 133.
Alv.. , 17.
Amphionis, 111.
Anita, 70.
Antistius, 11.
Antonia, 58.
Antoninus, 53, 67.
Apotita, 7.
Apronius, 27.
Aquila, 63.
Atilius, 33.
Augustalus, 148.
Aurelius, 53.
Avida, 46.
Avitus, 26.

SUPPLÉMENT :

Antoninus, 2.
Avitus, 29.

B

Badeus, 97.
Basilicus, 105.
Bsura, 6.

SUPPLÉMENT :

Basilea, 8.
Brit..., 2.

C

C, 10, 25, 55, 69, 71, 102, 118, 129.
Cœcilia, 107.
Cœcilius, 15, 93, 118, 149.
Cœlestis, 53.
Cœsar, 53, 67, 95, 105.
Calidus, 30.
Calpurnia, 22.
Candid..., 12.
Cantanus, 14.
Cas..., 72.
Cassius, 68.

Catillius, 53.
Catulus, 33.
Cecilius, 137.
Celia, 48.
Cirtensis, 117.
Cisiilia, 57.
Claudius, 99, 111.
Clodia, 80.
Clodius, 4, 28
Cornelia, 134.
Crescens, 10, 81, 88.
Crispinus, 31.

SUPPLÉMENT :

C, 3, 6, 9, 10, 16, 19, 31, 35, 35, 37.
Cœlia, 3.
Cœs..., 1.
(Ca)lpurni(us), 17.
Catuarius, 21.
Clodia, 1.
Clodius, 35.
Contentus, 37.
Crespina, 1.

D

Diana, 70.
Domitius, 71.
Dyrus, 47.

SUPPLÉMENT :

Donus, 20.

E

E, 26, 27.
Eusebius, 149.
Exat.ius, 101.
Extricatus, 90.
Em(il)ius, 26.
Epidia, 28.
Exricatus, 5.
Extricatus, 27.

SUPPLÉMENT :

Ebur..., 27.

F

F, 16, 31, 42.
F(ulvus), 53.
Fabia, 43.
Fabius, 31, 66, 121.
Falcidia, 45.
Fatalis, 44.
Fausta, 43.
Faustila, 42.
Faustil(lus), 51.
Felicia, 22.
Felicitas, 62.
Felicius, 93, 141.
Ferrius, 26, 69.
Flavia, 136.
Flavius, 50.
Florentinus, 15.
Formianus, 118.
Fortunata, 73.

SUPPLÉMENT :

Faustus, 32.
Ferrius, 29.
Flavius, 16, 30.

G

Gallus, 129.
Gemina, 118,
German..., 122.
Granius, 25.

SUPPLÉMENT :

Gallicus, 24.
Gasinius, 2.

H

Hadrianus, 53, 67.

SUPPLÉMENT :

H, 9.

Hiirmanius, 30.

I - J

I(da), 103.
Ingeniosa, 135.
I, 26, 44.
Ianuaria, 23.
Iucundus, 108.
Iulia, 47, 52, 57, 72, 96, 102. 131.
Iulius, 9, 17, 30, 56, 81, 97, 119, 122, 133.
Iunius, 46.

SUPPLÉMENT :

I, 16.
Ianuarius, 33.
Iul..., 31. 35.
Iulius, 19, 32, 37.
Iuria, 12.

L

L, 9, 9, 30, 30, 33, 41, 68, 68, 68, 136.
Lœtus, 118.
Latiarius, 25, 53.
Licilius, 58.
Lucia, 57.

SUPPLÉMENT :

L, 22, 29, 29, 36.

M

M, 11, 12, 12, 51, 60, 119, 121, 149, 149.
Maia, 107.
Manlia, 42.
Mapon (?), 98.
Marciosa, 126.
Marta, 52.
Martialis, 25, 56.
Maternus, 9.
Matrona, 48, 92.
Maximus, 71.
Melita, 133.
Milevitana ou Milevitanus, 67, 74, 105, 117, 117, 133.
Mnes'us, 105.
Mu..., 88.
Munatus, 13.
Munnenius, 148.

SUPPLÉMENT

M, 6, 32, 33, 33.
Matrona, 12.
Maurelus, 2.
Maxima, 3.
Misinius, 5.
Mnesila, 4.
Modestus, 16.

N

Nicidius, 141.
Nilam, 60.
Ninus, 29.
Novella, 70.

SUPPLÉMENT :

Numidius, 3.

O

O, 88.
Octavius, 63.
Orchivus, 146.

P

P, 24, 74.
Pan, 115, 116.
Papiria, 5.
Paquia, 24.
Perellius, 41.
Pesc..., 3, 19.
Petreia, 32.
Pia, 92, 100.
Pisaurennius, 118.
Pistorinus, 101.
Porcia, 7.
Procla(ra), 61.
Pug(c?)el..., 28.

SUPPLÉMENT :

P, 21, 33.
Paltanus, 23.
Petronius, 33.
Pompeius, 23.
Pudem, 19.
Pupa..., 36.

Q

Q, 13, 15, 25, 28, 31, 53, 66, 68, 71, 73, 73, 78, 121, 121, 133, 137, 147, 148, 148, 149.
Quir(ina tribu), 9, 12, 24, 26, 30, 71, 90, 108, 118, 133, 147.
Quadratus, 53.

SUPPLÉMENT :

Q, 23, 26, 28, 29.
Quintilla, 11.
Quir ..., 16, 27.

R

(Ro)catus, 58.
Rocitis, 103.
Rœcius, 53, 53.
(R)ogatus, 49.
Roma ? 59.
Rusicada ou Rusicadensis, 117, 121.

S

S, 63.
Sœnia, 135.
Sœnius, 147.
Sallustia, 23.
Sarnus, 30.
Satulia, 96.
Satura, 24.
Saturn..., 11.
Saturninus, 105, 128, 149.
Saturus, 41.
Secunda, 45.
Seius, 29.
Severus, 53.
Sextilus, 130.
Sexuarius, 103.
Sicinis, 129.
Sicinius, 129.
Sitius, 74.
Sittia, 73, 74, 78, 126.
Sittius, 10, 12.
Sodalis, 1, 118.
Solutor, 12.
Statulinus, 44.

SUPPLÉMENT :

Saturninus, 26.
(Sa)turus, 17.
Seius, 24.
Selu..., 7.
Severus, 2.
Sex..., 20, 33.
Sittius, 18, 21.
Surus, 35.

T

Tannonius, 68.
Tanonnianus, 66.
Titus, 53, 67, 97.
Trajanus, 53.
Trojanus, 21.

SUPPLÉMENT :

Ter..., 22.

U

Urbanus, 119.

SUPPLÉMENT :

Urbanilla, 28.

V

Valen..., 83.
Valerius, 1.
Valerus, 128.
Venustus, 14.
Viator, 69.
Vibia, 61, 61.
Vi(bius), 46.
Victor, 16, 21.
Victorinus, 97.
Vindex, 106.
Vitalis, 5, 102.
Vitalus, 84.

SUPPLÉMENT :

Vaeria, 36.

APPENDICE

(Militavit Centurio), 25, 129.

III

LIGATURES

Relevées dans les textes latins (nos 1 à 150)

A	AM	7, 14.
	AV	111.
B	IB	31.
D	Đ	83, 97.
F	FE	71.
I	IR	18, 26, 71, 183, 133, 133.
	IT	70, 133.
L	IL	126.
M	MA	24, 56, 107.
	ME	117.
	MT	121.
	MP	78.
N	ND	8, 121.
	NE	117, 117.
	NN	117.
P	IP	133.
R	IR	31, 82, 97, 117, 117, 126, 142.
S	TS	78.
T	TE	78.
	TI	71, 78, 117, 117, 117, 126.
V	VA	56, 78.
	VT	105.
	VM	117, 117.
	VV	105.
	VR	30.
X	XV	30, 36, 97, 125.